Storytelling in der Organisationskommunikation

Silvia Ettl-Huber (Hrsg.)

Storytelling in der Organisations- kommunikation

Theoretische und empirische Befunde

 Springer VS

Herausgeber
Silvia Ettl-Huber
Eisenstadt, Österreich

ISBN 978-3-658-06019-0   ISBN 978-3-658-06020-6 (eBook)
DOI 10.1007/978-3-658-06020-6

Die Deutsche Nationalbibliothek verzeichnet diese Publikation in der Deutschen Natio-
nalbibliografie; detaillierte bibliografische Daten sind im Internet über http://dnb.d-nb.de
abrufbar.

Springer VS
© Springer Fachmedien Wiesbaden 2014
Springer VS ist eine Marke von Springer DE. Springer DE ist Teil der Fachverlagsgruppe
Springer Science+Business Media.
www.springer-vs.de

Inhalt

Vorwort

„Noch ein Buch über Storytelling!" Jawohl, diese Feststellung könnte man treffen, wenn man den Titel des vorliegenden Bandes liest. Und: „Alter Wein in neuen Schläuchen!", hörte ich zuletzt bei einem Vortrag in Berlin. Auch das kann man sagen. Und dennoch, über Storytelling in der Organisationskommunikation wurde noch nicht annähernd genug gesagt. Erstens, weil viel bisher Publiziertes nur Anleihen aus der Narrationsforschung oder dem Handwerkskasten des Drehbuchschreibens sind und zweitens, weil das meiste, aus dem bisher in Diplom- und Masterarbeiten zitiert wird, Ratgeberliteratur ist. Schnell und nett zu lesen, aber etwas vage in der Nachprüfbarkeit.

Freilich sind auch die AutorInnen des vorliegenden Bandes dem Storytelling eher positiv als negativ gesonnen. Dennoch haben sie sich die Mühe gemacht, empirisch zu untersuchen, inwieweit Storytellingelemente Einsatz in der Organisation finden, welche Potenziale Storytelling von KommunikationsexpertInnen zugeschrieben wird, welche Merkmale sich für Storytelling in der Organisation beschreiben lassen. Oder sie sind tief theoretisch in die Materie eingetaucht, um die Wirkungsmechanismen von Storytelling zu beschreiben.

Die gemeinsame Klammer der Autorinnen und Autoren dieses Bandes ist die österreichische Donau-Universität Krems. Eine Weiterbildungsuniversität neunzig Kilometer vor den Toren Wiens. Dort haben sich Andreas Ganahl, seines Zeichens Nachwuchsführungskraft in einem Schweizer Unternehmen, Gitta Rohling, PR-Beraterin in Stuttgart, Maria Reingruber Geschäftinhaberin im oberösterreichischen Gmunden, Sabine Knöß, Kommunikationsmanagerin eines Finanzdienstleisters in Frankfurt und Andrea Hilzensauer, Produktmanagerin im Nahrungsmittelbereich in Wien, im Rahmen ihrer berufsbegleitenden Master-Studien mit dem Thema Storytelling auseinandergesetzt. Parallel dazu existiert an der Donau-Universität ein ForscherInnenzirkel, der zu diesem Themenkreis arbeitet. Kay Mühlmann, Eva Mayr, Manuel Nagl und Günther Schreder befassten sich in mehreren Forschungsprojekten mit Narration. Wohlwollend begleitet wird dieses Buch von zwei weiteren Kolleginnen aus der Universität. Julia Juster, Lehrgangsleiterin Qualitätsjournalismus, zeichnete für das Layout des Bandes verantwortlich, Brigitte Reiter, Lehrgangsleiterin PR und Integrierte Kommunikation, für die Endredaktion des Textes.

Mit diesen Voraussetzungen, der akademischen Verankerung in Forschungsprojekten und Lehre einerseits und der praktischen Erfahrung unter der Lupe der Wissenschaft andererseits macht sich dieses Buch nun auf den Weg eine Geschichte des Storytellings in der Organisationskommunikation zu erzählen.

Silvia Ettl-Huber, Herausgeberin

Storypotenziale, Stories und Storytelling in der Organisationskommunikation

Silvia Ettl-Huber

Storytelling als Alltagsfähigkeit

Storytelling könne traditionelle Marketingmethoden so gut ergänzen und ersetzen, weil „alle Menschen wissen, was eine Geschichte ist", schreibt Werner T. Fuchs in seinem Praxisbuch ‚Warum das Gehirn Geschichten liebt' (2009, 56). Dieser Satz ging mir als storytellinginteressierte Forscherin und Lektorin sowie Betreuerin zahlreicher Abschlussarbeiten zu diesem Themenbereich monatelang durch den Kopf. Tatsächlich zeigte sich, dass Studierende in Lehrveranstaltungen sofort eine Assoziation dazu hervorbrachten, was eine Geschichte ist und eine idealtypische Geschichte (meist ein Märchen) auf Lager hatten. Genauso selbstverständlich reagierten in Praxisgesprächen UnternehmenskommunikatorInnen und deren BeraterInnen. Storytelling, so ihre Sicht, sei ein so alter Hut, da möchte man ja nicht einmal den Ausdruck in den Mund nehmen. Storytelling sei etwas, das sie ohnehin täglich praktizierten.

Warum aber scheiterte dann die Mitautorin dieses Sammelbandes, Sabine Knöß, mit ihrem ersten Forschungsvorhaben daran, Storytellingelemente in Organisationspublikationen der Finanzbranche zu untersuchen, an der Tatsache, dass nur wenige Storytellingelemente darin vorkamen? Ein Problem, das sich in der Betreuung von DiplomandInnen seither beständig wiederholt. Zuerst werden Bücher, oft Praxisratgeber, über die schier unbegrenzten Möglichkeiten und unbestritten positiven Wirkungen von Storytelling gelesen. Dann wird die Organisationskommunikation von Branchen oder einzelnen Kommunikationsinstrumente auf Storytellingelemente hin durchkämmt mit dem ernüchternden Ergebnis, dass Storytelling kaum eine Rolle spielt.

Möglicherweise verhält es sich mit dem Wissen um Storytelling ähnlich wie mit dem Umstand, dass eine ganze Nation sich zum Fußballtrainer berufen sieht, ohne selbst fähig zu sein, auch nur zehn Minuten ohne Kreislaufkollaps über das Feld zu jagen. Viele KommunikationspraktikerInnen wissen möglicherweise aus langjähriger Erfahrung das Storypotenzial eines Themas zu beurteilen, aber die Fähigkeit, Themen nach den Regeln der Erzählkunst zu Stories zu machen und sie im Sinne einer integrierten Organisationskommunikation umfassend strategisch zu platzieren, ist zumindest noch nicht breit dokumentierbar. Besonders in der Dimension der Dramaturgie einer Geschichte, der Abwechslung der Zustände, des Konfliktes und der Auflösung (zu den Analysekriterien von Erzähltexten siehe Lahn/Meister 2013 und Wenzel 2004) desselben gibt es wenig Beispiele in der Organisationskommunikation. Das zeigen auch die Inhaltsanalysen von Gitta Rohling und Sabine Knöß in diesem Band. Dass etwas erst zur Geschichte wird, wenn Bewegung in die Sache kommt, ist vielen nicht gewahr. Hingegen verfügen alle professionellen KommunikatorInnen über Stehsätze wie „Sex sells" oder dass es „mencheln" sollte oder dass die Sprache bildhaft sein sollte. Daher lässt sich eher behaupten, dass KommunikationsexpertInnen meist ein Gespür für Storypotenziale haben, aber nicht zwangsläufig Geschichten bewusst erzählen und bauen können.

Wichtig scheint in diesem Zusammenhang das Auseinanderhalten dreier Begriffe: Storypotenzial, Story und Storytelling. Daher werde ich mich im Folgenden vom Begriff des Storypotenzials, den ich im Zusammenhang mit Nachrichten- und Storywerten diskutiere, über die Merkmale von Stories zur Definition von Storytelling vorarbeiten.

Storypotenziale als Ergebnis von Story- und Nachrichtenwerten

Erst kürzlich interpretierte eine Wissenschafterin bei einer Fachtagung die weltweite Berichterstattung über die Geburt des britischen Thronfolgers als Folge eines Schwarmverhaltens der JournalistInnen. Man berichte sozusagen darüber, weil alle es tun.

Klassische KommunikationswissenschafterInnen würden eher auf die Nachrichtenwerttheorie zurückgreifen. Sie würden auf die Faktoren des Status (Macht und Prominenz), des Versprechens von Kontinuität in der Berichterstattung über das Leben des Kindes und in Großbritannien zusätzlich auf die Nähe des Ereignisses hinweisen. Schwarmverhalten, hier im Sinne des Thematisierens durch andere Medien, wäre nur einer der Nachrichtenfaktoren.

Nachrichtenwerte wurden schon lange vor einem durch Internetanwendungen verstärkt thematisierten Schwarmverhalten von Lippmann 1922 postuliert und von AutorInnen wie Galtung und Ruge sowie später Schulz weiter entwickelt. Genannt seien hier exemplarisch: Nähe (räumlich, politisch, wirtschaftlich, kulturell, Bedrohung, Betroffenheit, Zugänglichkeit für Berichterstattung), Nutzen (möglicher, tatsächlicher, Identifikationsmöglichkeit und Reichweite), Neuigkeit (Normabweichung, Überraschung, Skandalpotenzial), Kontinuität (Zeit, Dauer der Thematisierung), Status (Macht der beteiligten Personen, Prominenz),

Valenz (Schaden, Erfolg, Kriminalität, Konflikt), Themenbeschaffenheit (Einfachheit, Klarheit, Konsistenz, Resultate, Spannung, Zusammenhang zu anderen Themen, Etablierung).

Würde sich Storytelling in der Organisationskommunikation alleine auf die Medienarbeit beschränken, würde es wohl reichen auf die Nachrichtenwerte zurückzugreifen, um entscheiden zu können, welche Informationen und Stories über eine Organisation kommuniziert werden. Da aber Medien nur eine Zielgruppe der Organisation sind, neben MitarbeiterInnen, KundInnen, Nachbarn, Zulieferorganisationen u.v.a.m., wäre diese Sicht eine verkürzte.

Hinzu kommt, dass durch das Verpacken von Informationen in Stories die Inszenierungsmacht mehr in Richtung Organisationskommunikation verschoben wird. Hier macht es einen erheblichen Unterschied, ob etwa das Ergattern eines Milliardenauftrages aus der Sicht der Unternehmensleitung und durch sie gesicherte Arbeitsplätze, oder aus der Perspektive der MitarbeiterInnen, welche für den erfolgreichen Geschäftsabschluss einer erheblichen Überstundenbelastung ausgesetzt waren, erzählt wird. Dementsprechend lohnt der Blick über die Nachrichtenwerte hinaus auf die einer Geschichte inhärenten Storywerte, wie sie etwa Robert McKee (2009, 43) in der Lehre des Drehbuchschreibens nennt. Er definiert sie als die „universalen Eigenschaften menschlicher Erfahrungen, die sich von einem Augenblick zum nächsten von Positiv zu Negativ [...] verschieben können". Beispiele dafür sind Liebe/Hass, Freiheit/Sklaverei, Wahrheit/Lüge, Mut/Feigheit, Treue/Betrug, Weisheit/Dummheit, Stärke/Schwäche, Aufregung/ Langeweile.

Bilandzic und Kinnebrock (2006: 115) sprechen von narrativitätssteigernden Merkmalen wie etwa nachhaltigen Ereignissen, Einzigartigkeit, Konflikthaltigkeit, Faktualität (Glaubwürdigkeit), Spezifität (die präzise zeitliche und räumliche Verortung), Handlungsverläufe (Handlungsalternativen der ProtagonistInnen werden aufgezeigt), Handlungsakzentuierung (Geschehen wird an den Handlungen der Figuren beschrieben), Entwicklung und Wandel der Figuren und ihrer Beziehungen sowie Kohärenz und Kausalität zwischen Einzelereignissen. Weitere narrativitätssteigernde Merkmale liegen in Struktur (Aufbau, Genrenähe, Affektstrukturen durch Überraschung und Spannung) und Darstellung (szenische Elemente, kunstfertiger Erzählstil).

Storytellingaffine ForscherInnen würden die eingangs diskutierte, viel berichtete ,Königskindergeburt' demnach eher auf die inhärenten Storywerte der Geschichte zurückführen. Auf die zu erwartenden Wendungen im Leben des Kindes, von der prunkvollen königlichen Geburt bis zu den möglicherweise später auftretenden Schulproblemen, den Lieben und beendeten Lieben, den in die Wiege gelegten Pflichten und dem Scheitern an denselben. Die Geburt von

Königskindern ist auf diese Weise seit Menschengedenken ein beliebtes Motiv in Erzählungen.

Story- und Nachrichtenwerte haben ein enges Verhältnis. Viele Storywerte lassen sich in Nachrichtenwerte ummünzen und umgekehrt. Im Unterschied zu den Nachrichtenwerten sind sie dichotom angelegt und zeigen, dass es gerade die Bewegung ist, die von einer Story erwartet wird. Eine gar nicht einfache Anforderung an die Organisationskommunikation, die sich gerne in der Verbreitung von ‚good news‘ übt. Zu dem Gedanken auch negative Zustände könnten berichtenswert sein, kommt erschwerend hinzu, dass sich diese Zustände meist konflikthaft abwechseln. Ein ebenfalls gerne ausgeblendetes Phänomen in Organisationen.

Storywerte und Nachrichtenwerte ergeben gemeinsam die Quelle, aus der Kommunikationsverantwortliche das Storypotenzial abschätzen können. Storypotenzial ist zusammenfassend gesehen jenes Potenzial, das ein Ereignis in sich trägt um zur Story zu werden. Es kann sich Anleihen aus den Nachrichtenwerten der Journalismusforschung ebenso wie aus den Storywerten der Erzählforschung nehmen. Sowohl Storytelling- wie auch Nachrichtenwertforschung würden behaupten, dass die britische „Sun" über die Prinzengeburt berichtet, selbst wenn sie als einzige Zeitung der Welt am Portal der Geburtsklinik stünde.

Merkmale von Stories – Die Vermessung von Geschichten

Eigentlich ist es ein trauriges Unterfangen, das Skalpell auszupacken und Geschichten zu sezieren. Es ist, als möchte man ihnen ihr Geheimnis entreißen, als wolle man wissen, was es denn war, das einen so in den Bann gezogen hat. Denselben Vorwurf mussten sich schon die frühen ErzählforscherInnen gefallen lassen, wenn sie beispielsweise immer wiederkehrende Motive aus Erzählungen isolierten. Bekannt geworden ist zu Beginn des 20. Jahrhunderts der russische Volkskundler Vladimir Propp. Er arbeitete aus vermeintlich verschiedenen Märchenplots 31 Handlungen heraus, die in immer der gleichen Reihenfolge angeordnet sind. Joseph Campbell reduzierte 1972 (siehe aktuelle Auflage 2011) diese Elemente noch weiter (Berufung, Weigerung, übernatürliche Hilfe, das Überschreiten der ersten Schwelle. Ein Vorgehen, das von SozialwissenschafterInnen und AnthropologInnen sehr kritisch aufgenommen wurde (siehe z.B. Segal 1984).

Dennoch, um Storytelling erkennen und dann selbst anwenden zu können, muss zuerst definiert werden, was eine Story ist. So definieren Lahn und Meister (2013, 213) die Geschichte als „chronologisch geordnete Sequenz aus der Teilmenge des Geschehens, die für die Bedeutungsabsicht des Erzähltextes relevant ist". Das Geschehen ist dabei die chronologisch geordnete Gesamtsequenz aller Geschehnisse und Ereignisse. Wobei das Geschehnis eine unauffällige Zustandsveränderung und das Ereignis eine im Kontext auffällige Zustandsveränderung markiert. Wenzel (2004, 16) unterteilt begrifflich in Ereignisse (events), die sich in einer Serie von Ereignissen zum Geschehen reihen. Eine Geschichte wird aus dem Geschehen erst, wenn zur zeitlichen Abfolge auch die Kausalität hinzutritt und binäre Konzepte wie Leben und Tod, Krieg und Frieden.

Leicht ist nun ersichtlich, dass das eingangs in diesem Beitrag zitierte intuitive Begriffsverständnis davon weit entfernt liegt. Die Intuition wird auch nicht ausreichen, das Phänomen des Storytellings in einem Text der Organisationskommunikation auszumachen. Freilich geben auch die mühevollen Begriffsabgrenzungen zwischen Ereignissen, Geschehnissen, Geschehen und Geschichten noch keine ausreichende Erklärung, wie eine Geschichte zu identifizieren sei. Sehr wohl aber geben sie einen ersten Anhaltspunkt, indem sie uns Merkmale wie bewusste Reihung von Ereignissen, binäre Konzepte (siehe Abschnitt oben, „Storypotenziale"), Zustandsveränderung und Bedeutungsabsicht zur Hand geben.

Kondensiert aus den Lehrwerken von Lahn/Meister (2013) und Wenzel (2004) abgeleitet wären Stories daran zu erkennen, dass sie eine bewusste Reihung von Ereignissen darstellen, die eine Zustandsveränderung binärer Konzepte beinhalten und eine Bedeutungsabsicht in sich tragen. Bedeutungsabsicht in Botschaften der Organisationskommunikation ist grundsätzlich zu unterstellen. Eine bewusste Reihung von Ereignissen, nicht Fakten, und eine erzählte Zustandsveränderung sind hingegen in Publikationen der Organisationskommunikation überprüfenswerte Merkmale.

Die Anleihen an Lahn/Meister sowie Wenzel zeigen schon, dass mit dem Thema des ‚Storytellings in der Organisationskommunikation' die Kommunikationswissenschaft, die üblicherweise stark zur Organisationskommunikation forscht, ihr angestammtes Terrain verlässt. Sie greift hier auf die Erzählforschung, die Narratologie, zurück, die hierzulande eher an Instituten für Germanistik oder Psychologie beheimatet ist als in der Kommunikationswissenschaft.

In der Narratologie werden systematische Vorgaben zur Analyse von Erzählungen entwickelt (Schönert 2004, 132). Narratologie und Erzähltextanalyse haben das Ziel einer methodisch geregelten Textbeschreibung (Lahn/Meister 2013, 35). Daraus ergibt sich für die Analyse von Storytelling in der Organisationskommunikation methodisch ein gewisses Problem. Denn während die Erzählforschung Material analysiert, das von sich behauptet eine Geschichte zu sein, mussten die VerfasserInnen der Beiträge in diesem Band erst einmal festlegen, ob es sich bei dem vorliegenden Material überhaupt um Material handelt, das mit Geschichten arbeitet. Ein Problem, das sich nicht nur in der Textanalyse, sondern auch bei den ExpertInneninterviews zeigte. Dort musste das Verständnis darüber, was eine Story und in weiterer Folge Storytelling ist, festgelegt werden. Die Annäherung erfolgte dabei anhand der Merkmale von Stories.

Für eine Abgrenzung von Geschichten gegenüber Nicht-Geschichten bietet sich die Grammatik der Geschichte nach Gerald Prince (1973, 17; 1982) an. Demnach besteht eine Geschichte aus mindestens zwei verbundenen Ereignissen. Ein Ereignis lässt sich dabei charakterisieren als etwas, das sich in einem Satz ausdrücken lässt, wie etwa: „Ein Mann lacht". Aus den Ereignissen „ein Mann war glücklich (er lacht), dann traf er eine Frau, die ihn unglücklich machte", entsteht bereits eine Geschichte, von Prince als „Minimal Story" bezeichnet.

Diese Grundregel führt wieder zurück zu der eingangs erwähnten Verwechslung von Storypotenzialen und Stories. Die Tatsache, dass jemand das „Erste Hybridauto der Welt erfunden hat" bietet viel Storypotenzial (Neuigkeit, Nutzen,…), ist aber noch keine Story. Zur Story wird sie erst, wenn beispielsweise ein Forscher eine bahnbrechende Entdeckung macht (erstes Ereignis), sich im zeitlichen Wettstreit gegen ein konkurrierendes Unternehmen durchsetzt (zweites Ereignis), um das erste Hybridauto serienreif zu machen (drittes Ereignis).

Eine weitere Möglichkeit, eine Story zu identifizieren, bietet der bereits oben erwähnte Monomythos nach Campbell (2011). Hier wird der Ablauf der Handlung als Heldenreise beschrieben. Diese besteht aus Aufbruch, Initiation und Rückkehr und enthält 17 typische Stationen wie etwa die anfängliche Weigerung des Helden die Berufung zu erhören, die zahlreichen Prüfungen, welche auf dem Weg zum Ziel auf den Helden zukommen oder das nochmalige Umschlagen ins Negative, wenn das Ziel schon erreicht erscheint.

Das Problem dieser groben Schemata liegt darin, dass sie viel Interpretationsspielraum lassen, was nun ein Ereignis ist oder welche Station einer Heldenreise sich nun aus einem Text herauslesen oder -hören lassen. Im weitaus detaillierteren Katalog zur Beschreibung von Geschichten (Erzähltextanalyse) bei Lahn und Meister (2013) ist daher Propps Grundstruktur (1968) nur ein Unterkriterium in der Analyse der Handlung in Form der Handlungslogik.

Dieser Beitrag lehnt sich in der Folge an die Analyseschemata der Erzähltextanalyse an. Dabei existiert auch in der Narratologie kein einheitliches Analyseschema. In der Praxis sind vielfältige Methoden vorhanden, wobei unterschiedliche narrative Elemente kombiniert (Wenzel 2004, 5) werden. Eines dieser Analyseschemata liefert Wenzel (2004) selbst. Er zählt zu den zu analysierenden Elementen: Handlung, Figuren, Raum, Zeit, Erzählsituation/Fokalisierung, Erzählmodus/Figurenrede, Erzählanfang und Erzählschluss, Spannung und Illusionsbildung/Illusionsdurchbrechung. Die Handlung ist die elementarste Ebene eines Erzähltextes. Die Handlung definiert sich dabei mit Hilfe der vier Aspekte

(1) Ereignis (event), auch Motiv genannt, (2) Geschehen als die chronologische Folge von Ereignissen (series of events), (3) Geschichte (story), die die Motive in einen kausalen Zusammenhang setzt, das daraus abstrahierte (4) Handlungsschema (plot). Die Existenz von Figuren, der Figurenrede und die Inszenierung in Raum und Zeit sind für einen groben Überblick hier nicht unbedingt tiefer auszuführen. Die Kategorie der Erzählsituation meint die Existenz eines Erzählers, der eine bestimmte Perspektive (neutral, personal, auktorial) auf das Geschehen einnimmt. Die Existenz von Erzählanfang und Erzählschluss sowie aller Handlungen, die zwischen diesen beiden Enden stattfinden, beinhaltet die Dramaturgie.

Lahn/Meister (2013) unterscheiden in der Erzähltextanalyse fünf Parameter einer Geschichte (Was wird erzählt?). Dies sind Aspekte der (1) Thematik (Stoff, Thema, Motiv), (2) Handlung (Geschehnis, Ereignis, Geschehen, Figurenhandlung, Handlungslogik), (3) Figuren, (4) Aspekte des Raumes, (5) Aspekte der zeitlichen Situierung. Hinzu kommen sieben Parameter des Diskurses (Wie wird erzählt?). Diese sind (1) Anlage der Erzählperspektive, (2) Präsentation von Rede und mentalen Prozessen, (3) Zeitrelationen zwischen Diskurs und Geschichte, (4) Wissensvermittlung und Informationsvergabe, (5) Erzählen über das Erzählen, (6) Zuverlässigkeit des Erzählens, (7) Merkmale des Stils.

Im Folgenden soll hier ein grobes Analyseschema vorgestellt werden, das die Elemente der Erzähltextanalyse verkürzt und auf Storytelling in der Organisationskommunikation anwenden lässt. Dabei geht es nicht nur darum, wie festgestellt werden kann, ob Storytelling in Organisationskommunikation angewandt wird. Gleichsam gibt die Liste auch einen Ansatzpunkt für Kontrollfragen über Storytelling in der Organisationskommunikation.

Tabelle 1: Elemente von Stories in der Organisationskommunikation, eigene
Darstellung

Elemente von Stories	
Thematik	Gibt es ein klares Thema? Gibt es ein erkennbares Motiv (z.B. archetypische Plots, wie der des Erlösungsplots)?
Handlung	Gibt es kausal und zeitlich verknüpfte Ereignisse? Werden dichotome Lebenskonzepte angesprochen (Liebe/Hass,...)? Verändert sich etwas im Laufe der Geschichte? Gibt es einen Konflikt?
Figuren	Gibt es Figuren (Personen, Unternehmen, Organisationen,...), welche die Handlung tragen? Sind diese Figuren benannt und beschrieben?
Raum	Hat die Geschichte einen klar benannten Raum? Wird dieser Raum näher beschrieben?
Zeit	Zieht sich die Geschichte über einen Zeitraum?
Erzählinstanz	Gibt es einen offensichtlichen Erzähler? Gibt es eine Perspektive aus der erzählt wird?
Rede	Gibt es direkte Rede? Gibt es indirekte Rede? Gibt es innere Monologe?
Stil	Gibt es ein Bestreben, den stilistischen Ausdruck mit dem Geschehen in Einklang zu bringen? Werden Stilfiguren (z.B. Metaphern, Aufzählungen) eingesetzt? Wird die Sprache der Erzählintention angepasst?

Wie unschwer zu erkennen ist, trennt die obige Tabelle nicht mehr zwischen Geschichte und Diskurs. Die ersten fünf Elemente, die dem WAS? der Geschichte entnommen sind, können zwar als die konstituierenden Elemente gesehen werden. Fehlen sie aber, so ist zu bezweifeln, dass es sich um eine Story handelt.

Dennoch muss nicht jedes Merkmal zutreffen, um eine Story identifizieren zu können. Die oben präsentierten Fragen sind vielmehr als Kontrollfragen zu verstehen um festzustellen, ob bestimmte Elemente überhaupt vorhanden sind. Die drei Elemente, die aus dem WIE? des Geschichtenerzählens (Diskursebene) entnommen sind, sind gleichsam als optional aufzufassen. Es kommen jeweils nur jene zum Einsatz, die sinnvoll erachtet werden.

Die oben dargestellte Tabelle blendet einige Merkmale aus, die für Storytelling in der Organisationskommunikation nicht als relevant erscheinen. So werden Wissensvermittlung und Informationsweitergabe immer eine Grundintention von Geschichten in der Organisationskommunikation sein und sind daher keine tauglichen Merkmale zur Identifikation einer Story in der Organisationskommunikation. Die Elemente der Spannung und Illusionsbildung / Illusionsdurchbrechung, die Wenzel (2004, 181) einführt, fehlen ebenfalls bewusst. Spannung und Illusion haben viel mit der Situation der RezipientInnen zu tun und verlassen damit als Merkmale die Ebene der engeren Text-, Bild- und Filmbeschreibung. Sie zielen vielmehr auf die Wirkungsebene ab und schaffen einen guten Übergang der Analyse von Stories hin zu einer Analyse von Storytelling. Während nämlich die Merkmale von Geschichten (Einsatz von Figuren, von ErzählerInnen, etc.) lediglich auf die Intention des Textes, die Form einer Geschichte zu erzeugen, hindeutet, reicht die Dimension der Spannung schon in die intendierte kommunikative Wirkung. Sie verlässt damit das Terrain der Erzählforschung und wendet sich der beabsichtigten Wirkung von Kommunikation zu, wie es die Organisationskommunikation tut. Mit der Wirkungsebene beschäftigt sich in diesem Band ausführlich der Beitrag von Mühlmann, Nagl, Schreder und Mayr.

Merkmale von Storytelling in der Organisationskommunikation

In der bisherigen Literatur zu Storytelling im Bereich der Organisationskommunikation wird nicht weiter zwischen Story und Storytelling unterschieden. Die Begriffe ‚story‘ und ‚telling‘ sind mit ‚Geschichte‘ und ‚erzählen‘ leicht ins Deutsche zu übersetzen. Der Zusatz ‚telling‘ wird eher satzbautechnisch eingesetzt als mit bewusster Bedeutung verwendet. Das National Storytelling Network (1997), an dessen Definition sich der Beitrag von Andreas Ganahl in diesem Band anlehnt, definiert Storytelling als "[…] the art of using language, vocalization, and/or physical movement and gesture to reveal the elements and images of a story to a specific, live audience. A central, unique aspect of storytelling is its reliance on the audience to develop specific visual imagery and detail to complete and co-create the story." Der Zusatz ‚telling‘ wird in dieser Definition noch auf das direkte persönliche Erzählen bezogen. Ein Umstand, der in der Organisationskommunikation häufig nicht erfüllt ist. Dort werden Stories meist nicht unmittelbar mündlich „erzählt", sondern medial vermittelt durch Texte, Bilder und Bewegtbilder in Medien wie KundInnenmagazinen, Presseaussendungen, Blogs.

Für Herbst (2011, 30) vermittelt „Storytelling in der PR Schlüsselinformationen über das Unternehmen in erzählerischer Form". In dieser Definition sind besonders die Schlüsselinformationen hervorzuheben. Umgemünzt auf Mangolds (2002, 14) Unterscheidung in Handlung und Darstellung einer Geschichte, ist die Handlung (siehe dazu auch die Unterscheidung zwischen Geschichte und Diskurs in der Erzähltextanalyse im vorigen Abschnitt) jener Teil, der in der Organisationskommunikation Sache der strategischen Entscheidung ist. Dort geht es darum, das Ereignis (Motiv) auszuwählen, das am besten zu den Organisationszielen passt und die zu erzählenden Stationen des Geschehens auszuwählen. Die Geschichte in ihrer kausallogischen Reihung. In diesem Bereich geht es um den Einsatz der Erkenntnisse der Erzählforschung kombiniert mit jenen der Organisationskommunikation.

Für Frenzel, Müller und Sottong (2006, 3) bedeutet Storytelling sehr allgemein, „[…] den internen und externen Bezugsgruppen Fakten über das Unternehmen gezielt, systematisch geplant und langfristig in Form von Geschichten zu erzählen". Auf die Frage der Faktizität werde ich noch im Folgenden eingehen. Die Forderung nach Langfristigkeit scheint im strategischen Einsatz ohnehin inkludiert zu sein. In etwas schlankerer Definition ist also Storytelling in der Organisationskommunikation der strategische Einsatz von Stories für die Ziele der Organisationskommunikation.

Wichtig sind in all diesen Definitionen die Faktoren der Zielgerichtetheit, der Zielgruppenorientierung und der Inszenierung im weiteren Sinne. Der Zusatz ‚telling' signalisiert den bewussten Einsatz von Storytelling zum Zwecke des Erreichens von Zielen. Storytelling ist der bewusste Einsatz des Geschichtenerzählens in der Organisationskommunikation. So können zwar vereinzelt Stories in der Organisationskommunikation auftauchen, fehlt allerdings das strategische Element, ist der Umstand des Storytellings nicht unbedingt erfüllt. Dieser Einsatz reicht vom Einsatz in internen wie externen Organisationspublikationen (MitarbeiterInnenzeitung, Folder), in der Onlinekommunikation (Unternehmenswebsite, Social Media), vom Einsatz in der Werbung (TV- und Radiospots, Plakate) bis hin zur Führungskommunikation, etwa in Ansprachen und Reden.

Um Storytelling in der Organisationskommunikation einsetzen zu können, muss den zuständigen Kommunikationsverantwortlichen das Wissen über Storypotenziale und Storymerkmale verfügbar sein. Ein reines Wissen über mögliche Potenziale von Storytelling in der Organisationskommunikation bleibt auf der Ebene des intuitiven Storyverständnisses und der von vielen KommunikationsexpertInnen kritisierten Modeerscheinung Storytelling.

Einsatzfelder und Typen von Storytelling in Organisationen

Die Einsatzfelder von Storytelling in der Organisationskommunikation sind mannigfaltig. Gerade deshalb sind schon viele Praxisratgeber über Storytelling in der Medienarbeit (Littek 2011), in der Markenführung (Mangold 2002, Ramzy/Korten 2006), im Reputationsmanagement (Vendeloe 1998) oder in der Führungskommunikation (Denning 2011) erschienen. In der wissenschaftlichen Literatur wird derzeit auch das Thema des Storytellings in den digitalen Medien stark thematisiert (z.b. Page/Thomas 2011, Wehmeier/Winkler 2012).

Die mangelnde Verfügbarkeit wissenschaftlicher Literatur zu Storytelling wird gerade von DiplomandInnen oft beklagt. Häufig bringt erst der Ausflug in die Narratologie die gewünschten Suchergebnisse, mit der Einschränkung, dass sich diese Literatur auf die Erzählkunst beschränkt und Fragen des Einsatzes in der Organisationskommunikation ausspart.

Dabei ist das Potenzial von Storytelling in Organisationen allgemein (nicht nur bezogen auf die Organisationskommunikation) noch nicht ausreichend beschrieben oder systematisiert. So kann der Einsatz von Erzähltechniken schon auf kleinster Ebene seine Wirkung entfalten. Die Prinzipien des Aufbaus einer Geschichte können in der textlichen Gestaltung einer Presseaussendung ebenso wirken wie in einer MitarbeiterInnenzeitung (z.b. Personenporträts, Abteilungsporträts. Auf dieser Ebene ist Storytelling in der Organisationskommunikation eine *Technik* wie Geschichten erzählt werden.

Über diese technische Sichtweise hinaus wird Storytelling zum *Instrument*, das in mehreren Teilbereichen der Organisationskommunikation eingesetzt wird. In dem vorliegenden Band wird gezeigt, wie breit das Einsatzgebiet von Storytelling sein kann. Der hier präsentierte Untersuchungsreigen reicht dabei vom Einsatz in Unternehmenspublikationen zur Führungskommunikation, bis hin zur Markenkommunikation. Dabei könnte die Themenpalette noch viel weiter sein und die Werbung im Speziellen, die Medienarbeit oder die Kommunikation über Social Media, umfassen. Wird Storytelling in seiner breiten Einsatzmöglichkeit im Bereich Organisationskommunikation betrachtet, bleibt als Erkenntnis übrig, dass es sich um ein breit einsetzbares Instrument handelt. Der Schritt vom Instrument zur Strategie ist damit vorgegeben.

Eine Storytelling-*Strategie* umfasst die gesamte Organisation und reicht bis in die Grundfesten der Organisationsphilosophie und -kultur. Der Schritt zur Strategie vollzieht sich meist anhand der Frage, welche Geschichten erzählt werden. Diese ‚Einigung‘ auf Kerngeschichten wirkt auf das Tun der Organisation, sobald Geschichten aufgenommen und weitergetragen werden.

Man nehme beispielsweise an, dass die PR-Abteilung die Geschichte eines ehemaligen Drogenabhängigen, der im Unternehmen eine zweite Chance bekommen hat und die Lehrlingsweltmeisterschaft für Gartenbau gewonnen hat, lanciert. Der Vorstandsvorsitzende, generell nicht besonders sozial eingestellt, wird auf diesen Fall von einem Journalisten angesprochen, der die Geschichte schreiben will. In diesem Moment wird die Unternehmensführung sich mit der – zuvor übersehenen Geschichte – auseinandersetzen und möglicherweise Schlüsse für das eigene Tun ziehen. Wirkungsvolle Geschichten können dadurch eine gewisse Eigendynamik entfalten.

Im Folgenden wird nun versucht, die Entwicklung von der Erzähltechnik zur Storytelling-Strategie anhand des Integrationsgrades von Storytelling in der Organisationskommunikation stufenweise zu beschreiben.

Tabelle 2: Integrationsstufen von Storytelling in einer Organisation – Typen von Storytelling-Organisationen, eigene Darstellung

	Typen von Storytelling-Organisationen	
Technik	Unbewusstes Storytelling (kein Storytelling)	Stories kursieren im Unternehmen, werden aber nicht bewusst für die Organisationskommunikation eingesetzt
	Pragmatisches Storytelling	Ein Grundwissen über das Potenzial von Stories ist vorhanden. Stories werden sporadisch eingesetzt.
Instrument	Nischen-Storytelling	In bestimmten Kommunikationsmaßnahmen oder -instrumenten kommt Storytelling zum Einsatz. Dabei kann manchmal Storytelling schon hoch professionell angewandt werden, wohingegen andere Bereiche völlig unberührt bleiben.
	Cross-Channel-Storytelling	Die Arbeit mit Stories wird zum Prinzip der Organisationskommunikation. Die Auswahl und Entwicklung der Geschichten steht im Zentrum. Die Wahl der Kommunikationsinstrumente bzw. der Kanäle erfolgt danach.
Strategie	Umfassendes strategisches Storytelling	Die Arbeit mit Stories wird nicht mehr nur in einer Sender-Empfänger-Perspektive betrieben. Storytelling wird auch als Rückkanal von den MitarbeiterInnen zur Chefetage genutzt (Wissensmanagement). Die in der Organisation vorhandenen Geschichten werden als Spiegel wie auch als Ressource für Botschaften gesehen.

20

Auf der niedrigsten Stufe gibt es wohl kaum eine Organisation, in der keine Stories existieren. In diesen Organisationen sind Stories allerdings völlig unbeachtet. Sie kursieren auf den Fluren und manchmal ‚verläuft' sich eine Geschichte in eine Unternehmenspublikation oder die Rede eines Vorstandes. Man kann hier auch von unbewusstem Storytelling sprechen.

Auf der nächsten Ebene begegnen wir Organisationen, die eine bestimmte Wirkung von Stories bereits anerkennen und sich sporadisch bewusst des Instruments Storytelling bedienen. Man kann hier von einem pragmatischen Storytelling sprechen.

Andere Organisationen wollen sich der Wirkung von Storytelling in bestimmten Instrumenten bedienen. Sie sind mitunter von externen BeraterInnen auf das Potenzial von Storytelling hingewiesen worden und arbeiten mit narrativen Werbespots oder narrativ gestalteten MitarbeiterInnenportraits im Employer Branding. Dabei wird dort durchaus schon ein hohes Level der Erzählkunst angewandt, von der Verwendung archetypischer Plots (z.B. Erlösungsstories) bis hin zu archetypischen Figuren (z.B. Opfer, HeldInnen). Man könnte diesen Typus als Nischen-Storytelling bezeichnen.

Erst auf dem nächsten Level vollzieht sich der Sprung vom Einsatz narrativer Elemente in Form von Stories hin zum Storytelling. Auf dieser Ebene wird nun versucht, Storytelling in verschiedenen Bereichen der Organisationskommunikation einzusetzen. Schnell wird gesehen, dass der Einsatz einzelner Stories in verschiedenen Instrumenten (z.B. Employer Branding, interne Kommunikation) auch verschiedene Zielgruppen erreicht und das interne wie externe Organisationsbild prägt. Ebenso wird erkannt, dass es durch die erhöhte Wirkung notwendig wird, sich strategisch damit auseinanderzusetzen, welche Geschichten erzählt werden. Ein Diskussionsprozess über Wahrheit, Authentizität, Fremd- und Selbstbilder beginnt. Man könnte hier von einem multiplen Einsatz von Storytelling oder einem Cross-Channel-Storytelling mit beginnenden strategischen Überlegungen sprechen.

Auf dem fünften Level ist Storytelling zu einer umfassenden Strategie geworden, die in den Köpfen vieler Verantwortlicher präsent ist. Die Kraft, die die Diskussion über erzählte Geschichten (Welche Geschichten? Mit welchen Wahrheiten? An welche Zielgruppen?) auf die Organisationsphilosophie ausübt, wird umfassend anerkannt und annähernd zur Reflexion genutzt. Auf diese Weise entstehen gleichwohl Stories, die nicht auf der Ebene der Leitung entstanden sind, sondern in anderen Bereichen der Organisation. Storytelling wird nicht nur in engeren Kommunikationsdisziplinen wie der internen Kommunikation, der PR, der Werbung genutzt, sondern wirkt bis ins Wissens- und Projektmanagement. Storytelling ist dann nicht nur Kommunikationsstrategie, sondern auch

Managementmethode. Man kann von einem umfassenden strategischen Storytelling oder einer Storytelling-Organisation sprechen.

Die oben tabellarisch präsentierte Darstellung ist ein erster Wurf der Typisierung. Eine Erarbeitung detaillierter Merkmale, nach denen eine Organisation dem einen oder anderen Typus zugeordnet werden kann, steht aus. Nach den Ergebnissen der ExpertInneninterviews in diesem Band zu schließen (siehe unter anderem im Beitrag von Andrea Hilzensauer) ist anzunehmen, dass bislang kaum ein Unternehmen die Stufen des Cross-Channel-Storytellings oder des umfassenden strategischen Storytellings erreicht hat. Dennoch ist etwa der Einsatz von Storytelling in Organisationen auch im Wissensmanagement sehr wohl bereits Realität, wie Karin Thier (2010) in ihrer Publikations- und Beratungstätigkeit zeigt.

Wichtig erscheint an dieser Stelle noch einmal der Hinweis, dass es keinen Organisationstypus gibt, in dem keine Stories kursieren. Gemäß der oben erarbeiteten Definition, wonach von Storytelling erst bei einem bewussten Einsatz gesprochen werden kann, betreiben diese Organisationen jedoch kein Storytelling. Sie ignorieren Storytelling oder entscheiden sich bewusst dagegen. Eine Entscheidung gegen Stories an sich ist hingegen nicht möglich.

Storytelling und die Wahrheit aus und über Organisationen

Sprache und Sprüche rund um das Geschichtenerzählen sprechen Bände. ‚Erzähl mir keine Geschichte' heißt übersetzt ‚belüge mich nicht'. Im Österreichischen spricht man vom ‚Gschichtln drucken', was so viel bedeutet, wie jemandem eine zweifelhaft wahre Erzählung in dessen Wahrnehmung zu ‚drücken'. Aus dieser Aussage wird auch der Charakter des Zwangs ersichtlich. Offensichtlich wirken Geschichten mitunter so mächtig, dass sich die Zuhörenden gar nicht entziehen können. Die genannten Redewendungen streichen   zwei Elemente von Geschichten besonders hervor: die Macht von Geschichten und die zweifelhafte Wirklichkeit von Geschichten.

Zumindest das Bauen von Geschichten wird als Akt der Konstruktion von Wirklichkeit empfunden, der anrüchig ist. Dabei wird übersehen, dass aus konstruktivistischer Sicht all unsere Wirklichkeit eine ständige Konstruktion ist. Das Schulkind erzählt davon, wie ihm die Nachbarkinder auflauerten, es verprügelten und ihm zehn Euro abnahmen. Dass der betreffende Schüler zuvor mit den zehn Euro geprahlt hat, fällt unter den Tisch. Wäre dieser Teil wichtig gewesen? Es ist, als ob unbewusstes Weglassen und Hervorstreichen akzeptabel wären, professionelles Storytelling aber abzulehnen. Wobei hier die Beurteilung von Bewusstheit und Unbewusstheit schwierig ist.

Dementsprechend fristet Storytelling in vielen Organisationen auch so etwas wie ein Geheimleben. So war es ungemein schwierig, an InterviewpartnerInnen von Markenartikelherstellern (Beitrag Maria Reingruber) zu kommen. Nicht, weil man dort kein Storytelling betreiben würde. Nein, weil man nicht in Verruf kommen möchte, Geschichten zu erzählen. Andrea Hilzensauer erhielt im Zuge ihrer ExpertInneninterviews (Beitrag in diesem Band) von BeraterInnen die Auskunft, dass sie den Begriff des Storytellings gegenüber KundInnen nicht gerne in den Mund nehmen. Sie wenden zwar das Instrument an, verkaufen es aber unter anderem Namen oder benennen es nicht explizit. KundInnen würden nämlich oftmals mit Storytelling Unredliches verbinden.

Dabei hat Storytelling ursprünglich wenig mit Fiktion zu tun. In der Antike ist fiktionale Literatur nicht gegenüber anderen Formen des Schreibens abgegrenzt (Lahn/Meister 2013, 19-20). In der Philosophie sind das Gedicht und der Dialog gängige Darstellungsformen. Erst Aristoteles begründet eine Abgrenzung des literarischen Textes gegenüber der Naturforschung und Geschichtsschreibung. Für erstere seien Wahrheitsgehalt und sachliche Richtigkeit irrelevant, sehr wohl aber die Schlüssigkeit der Handlung.

Im neunzehnten Jahrhundert wurde Erzählkunst ebenfalls als Vehikel angesehen Informationen über Ereignisse zu vermitteln (Rigney 1992, 264-265). In der Tradition der Rhetorik geht es darum, diese anzuwenden um Informationen möglichst eingänglich aufzubereiten. Rigney (1992, 265) streicht heraus, dass erst ab den 1960/70er Jahren der Anspruch des Realismus immer mehr vom Begriff des Narrativs zurückgenommen wurde. Ein zunehmender Konsens lässt sich insofern festmachen, dass ErzählerInnen Geschichten in einer gewissen Form konstruieren müssen, also nicht einfach Fakten wiedergeben können, aus denen automatisch eine Geschichte entsteht. Die Erzähllehre trennt in diesem Zusammenhang fiktionale von nicht-fiktionalen Geschichten.

Die Notwendigkeit einen Ausschnitt zu wählen, um eine Geschichte zu erzählen, kann als gegeben angenommen werden. Gleichzeitig kann eine Erzählung nie eine vollständige Abbildung einer externen Realität sein, die alles darstellt, was tatsächlich passiert ist. „In >real life<, there is no beginning or end, let alone a >happily ever after<. There is no hero, around whom everything that happens revolves" (Sax 2006, 166). Rigney (1992, 280) weist darauf hin, dass jene ErzählerInnen, die ihre Stories erfinden, nicht die offensichtliche Mehrheit darstellen. Der institutionelle Kontext sei es, der das Ausmaß vorgibt, inwieweit ErzählerInnen frei sind zu erfinden. RechtsanwältInnen, HistorikerInnen und ÖkonomInnen mögen sich zum Erfinden von Geschichten hinreißen lassen. Dies ist aber inkompatibel mit ihrer sozial definierten Rolle.

Wie verhält es sich nun mit der Wahrheit und er Anwendung von Storytelling in der Organisationskommunikation? In einigen Werken zu Storytelling kommt der Begriff der Authentizität immer wieder als Merkmal von gutem Storytelling vor. So nennt Hillman (2011, 65) Verständlichkeit, Lebendigkeit, Glaubwürdigkeit/Authentizität [!], Emotionalität, Klarheit, Direktheit als Merkmale von Storytelling. Für Hillmann (2011: 63-64) ist Storytelling eine Methode, „die systematisch geplant und langfristig ausgelegt Fakten über ein Unternehmen in Form von authentischen [!], emotionalen Geschichten vermittelt, die bei den wichtigen internen und externen Bezugsgruppen nachhaltig in positiver Erinnerung bleiben". Auch Simoudis (2004, 98) nennt Authentizität als eines der Storytellingmerkmale, neben Relevanz und Qualität.

Die Organisationskommunikation selbst operiert neben dem Begriff der Authentizität gerne mit dem Begriff der Glaubwürdigkeit. Interessanterweise werden dabei Begriffe wie Wahrheit oder Wirklichkeit eher gemieden. Die Frage der Wahrheit in der Organisationskommunikation ist eine, die abseits von Storytelling ohnehin von hoher Relevanz ist (siehe den Bereich der Diskussion über Ethik und PR). Die Beschäftigung mit der Frage, wie wahr Geschichten sind die über die Organisation erzählt werden und erzählt werden sollten, trifft damit eine Kernfrage der Organisationskommunikation.

Mehr noch ist die Frage ‚Wer erzählt mir welche Wirklichkeit mit welcher Intention?' die Grundingredienz einer kritischen Gesellschaft. Das Wissen über den Aufbau und die Merkmale von Geschichten kann hier erhellend wirken. So postulierte Donald McCloskey (1990, 9), dass, wenn neunzig Prozent dessen, was Ökonomen erzählen Storytelling ist, es von höchster Dringlichkeit wäre zu wissen, was es denn genau ist, was diese tun. In diesem Sinne ist für eine allgemeine Stärkung der Geschichtenkompetenz als Garant für Wirklichkeitsdarstellung zu plädieren, im Gegensatz zu einer Storytelling-Inkompetenz.

Noch ein anderes Argument spricht dafür, dass Storytelling als der bewusste Einsatz von Stories in der Organisationskommunikation eher zu mehr Wahrhaftigkeit führt als zu weniger. Gerade das geforderte Umschlagen von Zuständen als eines der Grundmerkmale einer Story bedarf auch negativer Nachrichten – oder zumindest temporärer Niederlagen – um daraus eine Bewegung zum Positiven entstehen zu lassen. Damit bekommen auch Rückschläge, Niederlagen, Herausforderungen, Irrtümer einen Platz in der Organisationskommunikation. Das PR-Diktum ‚Tue Gutes und rede darüber' wirkt im Vergleich dazu wesentlich wirklichkeitsverzerrender als jeder Versuch, aus Ereignissen in einer Organisation eine Geschichte zu erzählen.

In diesem Sinne lässt sich hier mit den Worten des amerikanischer Historikers und Literaturwissenschaftlers Hayden White enden, der sein Buch aus dem Jahr 1987 mit den Worten beginnt: "To raise the question of the nature of narrative is to invite reflection of the very nature of culture and, possibly, even on the nature of humanity itself." (White 1987, 1)

Literatur

Bilandzic, H./Kinnebrock, S. (2006): Persuasive Wirkungen narrative Unterhaltungsangebote. Theoretische Überlegungen zum Einfluss von Narrativität auf Transportation. In: Wirth, W./Schramm, H./Gehrau, V. (Hg.): Unterhaltung durch Medien. Theorie und Messung, Köln: von Halem, S. 102-126

Campbell, J. (2011): Der Heros in tausend Gestalten. Berlin: Insel

Denning, S. (2011): The Leader's Guide to Storytelling. Mastering the Art and Discipline of Business Narrative. San Francisco: Jossey-Bass

Frenzel, K./Müller, M./H. Sottong (2006): Storytelling. Das Praxisbuch. 5. Aufl. München: Carl Hanser

Fuchs, W. T. (2009): Warum das Gehirn Geschichten liebt. Mit den Erkenntnissen der Neurowissenschaften zu zielgruppenorientiertem Marketing. Freiburg u.a.: Haufe

Herbst, D. (2011): Storytelling. Konstanz: UVK

Hillmann, M. (2011): Storytelling. Mit Geschichten Unternehmen gestalten. In: Hillmann, M. (Hg): Unternehmenskommunikation kompakt. Wiesbaden: Gabler, S. 63-73

Lahn, S./Meister J. C. (2013): Einführung in die Erzähltextanalyse. Stuttgart: Metzler

Littek, F. (2011): Storytelling in der PR. Wie Sie die Macht der Geschichten für Ihre Pressearbeit nutzen. Wiesbaden: VS

McKee, R. (2009): Story. Die Prinzipien des Drehbuchschreibens. Berlin: Alexander Verlag

Muir, C. (2007): Leadership through Storytelling. In: Business Communication Quarterly 70 (3), pp. 367-392

Mangold, M. (2002): Markenmanagement durch Storytelling. Arbeitspapier zur Schriftenreihe Schwerpunkt Marketing, Bd. 126. München: Fördergesellschaft Marketing e.V. an der Ludwig-Maximilians-Universität

McCloskey, D. N. (1990): Storytelling in Economics. In: Nash, C. (Ed.): Narrative in Culture: The Uses of Storytelling in the Sciences, Philosophy and Literature. London: Routledge, pp. 5-22

National Storytelling Network (1997): What Storytelling is? An attempt at defining the art form. [online] http://www.eldrbarry.net/roos/st_defn.htm [01.12.2013]

Page, R./Thomas, B. (2011): Introduction. In: Page, R./Thomas, B.: New Narratives. Stories and Storytelling in the Digital Age. Lincoln/London: University of Nebraska Press, pp. 1-16

Prince, G. (1973): A Grammar of Stories. The Hague u.a.: Mouton

Prince, G. (1982): Narrative Analysis and Narratology. In: New Literary History 13 (2), pp. 179-188

Propp, V. A. (1968): Morphology of the folktale. Austin: University of Texas Press

Pulizzi, J. (2012): The Rise of Storytelling as the New Marketing. In: Publishing Research Quarterly 28 (2), pp. 116-123

Ramzy, A./Korten, A. (2006): What's in a Name? How Stories Power Enduring Brands. In: Silverman, L. (Ed.): Wake Me Up When the Data Is Over. How Organizations Use Stories to Drive Results. San Francisco: Jossey-Bass, pp. 170-184

Rigney, A. (1992): The Point of Stories: On Narrative Communication and Its Cognitive Functions. In: Poetics today 13 (2), pp. 263-283

Sax, B. (2006): Storytelling and the „information overload". In: On the Horizon 14 (4), pp. 165-170

Schönert, J. (2004): Zum Status und zur disziplinären Reichweite von Narratologie. In: Borsò, V./ Kann, C. (Hg.): Geschichtsdarstellungen. Medien-Methoden-Strategien. Köln: Böhlau, S. 131-143

Segal, R. (1984): Joseph Campbell's theory of myth. In: Dundes, A. (Ed.): Sacred narrative. Readings in the theory of myth. Berkeley: University of California Press, pp. 256-269

Simoudis, G. (2004): Storytising. Geschichten als Instrument erfolgreicher Markenführung. Groß-Umstadt: Sehnert

Thier, K. (2010): Storytelling. Eine Methode für das Change-, Marken-, Qualitäts- und Wissensmanagement. Berlin: Springer

Vendeloe, M. T. (1998): Narrating Corporate Reputation. Becoming Legitimate Through Storytelling. In: International Studies of Management and Organization, 28 (3), pp. 120-137

Wehmeier, S./Schultz, F. (2011): Communication and corporate social responsibility: storytelling perspective. In: Ihlen, O./Bartlett, J.L./May, S. (Eds.): Handbook of communication and corporate social responsibility. Chichester: Wiley Blackwell, pp. 467-488

Wehmeier, S./Winkler, P. (2012): Personalisierung und Storytelling in der Online-Kommunikation. In: Pleil T./Zerfaß A. (Hg.): Handbuch Online-PR. Konstanz: UVK, S. 383-394

Wenzel, P. (2004): Zu den übergreifenden Modellen des Erzähltextes. In: Wenzel, P. (Hg.): Einführung in die Erzähltextanalyse. Kategorien, Modelle, Probleme. Trier: WVT, S. 5-22

White, H. (1987): The Content of the Form. Narrative Discourse and Historical Representation. Baltimore/London: The Johns Hopkins University Press

Von Helden und Schurken – Ein sozio-kognitives Modell zu Wirkungen von Narrationen in Organisationen

Kay Mühlmann, Manuel Nagl, Günther Schreder, Eva Mayr

Über die letzten Jahre ist Storytelling zu einem Trend in der Organisations- und Kommunikationsberatung geworden. Zahllose Beratungsfirmen haben begonnen, Storytelling anzubieten: Die Arbeit mit Geschichten und ebenso zahllose Anwendungs- und Praxisbücher zeugen von der Wirksamkeit bzw. der gewünschten Wirksamkeit von Geschichten im organisationalen Kontext. Viele dieser Bücher sind aus praktischen Erfahrungen heraus entstanden, geben Beobachtungen von gewichtigen Beispielen preis und bieten Anleitungen für die Entwicklung „richtig gemachter" Geschichten an, die einmal verbreitet, ihre Wirkungen im Unternehmen entfalten können und zu allerlei Änderungen anstoßen könnten.

Dieser Artikel will keine neuen Praxisanweisungen geben, er will vielmehr die wissenschaftlichen Hintergründe der Wirkungen von Narrationen in Organisationen untersuchen und von der individuellen Wirkweise von Narrationen bis zu einem kollektiven Spektrum von Wirkungen einen Bogen spannen. Damit soll das Verständnis für die Wirkweisen von Narrationen erhöht werden und gleichzeitig können bessere Schlussfolgerungen für das Wie und Warum der Anwendungsgebiete getroffen werden.

Geschichten bzw. Erzählungen – oder „Narrationen", wie der wissenschaftliche Fachausdruck dafür lautet – scheinen eine starke Wirkung auf die LeserInnen zu haben. Einerseits kann für eine allgemein bessere Verständlichkeit narrativer Texte argumentiert werden: Verschiedene Untersuchungen deuten darauf hin, dass narrative Texte schneller gelesen werden als andere Texte (Graesser, Hoffman, & Clark, 1980; Glaser, Garsoffsky, & Schwan, 2009; Narvaez, van den Broek, & Ruiz, 1999) und zudem die Inhalte narrativer Texte besser und länger erinnert werden als nicht-narrative Texte (Graesser, Hauft-Smith, Cohen, & Pyles, 1980; Luszcz, 1993; Negrete & Lartigue, 2010). Andererseits wirken Narrationen persuasiv, d. h. sie können die Einstellungen und Meinungen der RezipientInnen ändern (Green & Brock, 2000). Darüber hinaus werden Narrationen als „eine Form von Sinnstiftung und Sinnvermittlung durch die besondere Art der Organisation der Welt im Akt des Erzählens" (Hickethier, 1996, S.107) aufgefasst.

Aber was ist das Besondere an Erzählungen? Wieso wirken sie anders auf die/den LeserIn (oder auch HörerIn bzw. SeherIn) als andere Formen der Kommunikation? Wir möchten in diesem Beitrag ein sozio-kognitives Wirkmodell von Narrationen in Organisationen vorstellen (vgl. Abbildung 1). Dieses spannt sich von den konstituierenden Merkmalen einer Narration, der narrativen Grammatik, über deren kognitive Verarbeitung bis zu deren Wirkweise auf individueller und kollektiver Ebene. Dieses Modell eröffnet ein besseres Verständnis, warum Narrationen für die Unternehmenskommunikation wertvoll sind und wie sie ihre Wirkweise am besten entfalten können.

Abbildung 1: Ein sozio-kognitives Wirkmodell von Narrationen, eigene Darstellung

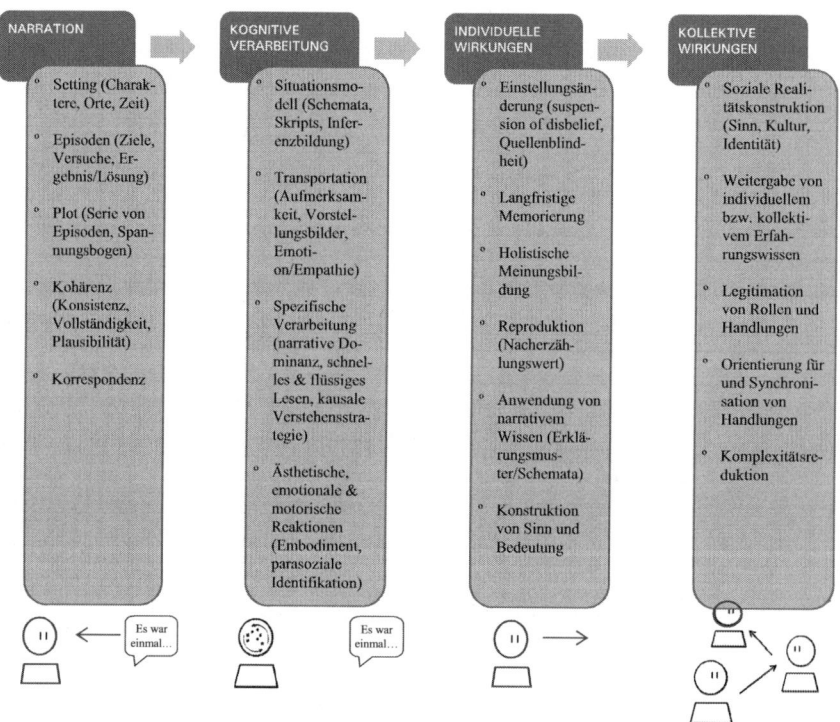

Narrative Grammatik

Was Narrationen von anderen Textarten unterscheidet, ist nicht nur in welcher spezifischen Art und Weise sie auf LeserInnen bzw. ZuhörerInnen wirken (siehe mehr dazu im nächsten Abschnitt), sondern ebenso wie sie strukturell aufgebaut sind. Dieser strukturelle Aufbau von Geschichten wird in der Wissenschaft auch „narrative Grammatik" genannt. Typisch für die narrative Grammatik – und das unterscheidet sie auch von den strukturellen Eigenschaften von deskriptiven, expositorischen oder argumentativen Texten – ist vor allen Dingen die zeitliche Abfolge von Ereignissen, die darüber hinaus in einem bestimmten Ursache-Wirkungs-Zusammenhang zueinander stehen. Wilkens, Hughes, Wildemuth und Marchionini (2005, 2) definieren Narrationen demzufolge auch als „a chain of events related by cause and effect occurring in time and space and involving some agency". Damit nennen sie, neben den zeitlichen sowie kausalen Zusammenhängen, das Setting (also die räumlichen und zeitlichen Schauplätze, an denen die Ereignisse stattfinden), die Kette von Ereignissen bzw. Episoden sowie die Rolle von Personen bzw. Charakteren, die diese Ereignisse (mit)erleben. Geht man nach Price (1973), so verfügen Narrationen notwendigerweise über fünf Grundelemente, die allen Geschichten gemein sind: eine anfängliche Zustandsbeschreibung, zeitliche Zusammenhänge, aktive Ereignisse, kausale Zusammenhänge sowie einen Endzustand.

Wie oben bereits angedeutet, nehmen die in der jeweiligen Geschichte vorkommenden Personen bzw. Charaktere einen besonderen Stellenwert ein. Ohne handelnde Personen könnte man keine Geschichte erzählen. Handelnde Personen sind daher ein wesentlicher Bestandteil der narrativen Grammatik und somit jeder einzelnen Geschichte, die erzählt wird. Typischerweise wird dabei in einzelnen Episoden beschrieben, wie die handelnden Personen auf ein konkretes Ausgangsereignis reagieren, welche Pläne sie schmieden, um mit dem zumeist aus dem Ausgangsereignis resultierenden Problem umzugehen, wie sie versuchen diese Pläne zu realisieren, ob diese Versuche zum erwünschten Ergebnis führen und wie sie wiederum auf dieses Ergebnis, ob nun erwünscht oder unerwünscht, reagieren (siehe z.B. Thorndyke 1977).

Kognitive Verarbeitung

Narrationen stellen aber nicht nur Texte mit spezifischen Eigenschaften dar, sondern sie können als ein zentraler Verarbeitungsmodus des Gehirns gesehen werden. Bordwell (1985, 49) sieht Narrationen als "the imaginary construct we create progressively and retroactively [...] the developing result of picking up narrative cues, applying schemata, and framing and testing hypotheses".

Während der Rezeption eines Textes, werden sukzessive verschiedene kognitive Repräsentationen dieses Textes aufgebaut (Graesser, Olde, & Klettke, 2002): die Textoberfläche, d.h. die genauen Worte, die Syntax und die Intonierung, bleiben nur kurz vollständig im Gedächtnis (kürzer als eine Minute). Die Textbasis, d.h. die Bedeutung des Textes, wird in abstrahierter Form als einzelne Propositionen (Sinneinheiten) etwas länger im Gedächtnis behalten (ca. eine Stunde). Bei einer Narration können darüber hinaus auch je nach Qualität des Textes mehr oder weniger lebhafte Vorstellungsbilder bei den RezipientInnen erzeugt werden, die oft Tage, Wochen und Monate lang erinnert werden.

Diese durch die Narration hervorgerufenen szenischen Vorstellungsbilder werden als *Situationsmodell* bezeichnet und enthalten die Charaktere mit ihren Zielen, emotionalen Zuständen und Handlungen, genauso wie das Setting, die Objekte und die wichtigsten Aktionen. Zum Aufbau des Situationsmodells greift die/der RezipientIn zusätzlich zur Textbasis auf sein persönliches Vorwissen zurück (Rapaport & Shapiro, 1995). Das Situationsmodell wird laufend während der Rezeption des Textes mit den neuen Informationen aus der Geschichte aktualisiert und verändert. Es kann im Verlauf einer längeren Geschichte (z.B. durch räumliche Brüche) auch zum Aufbau mehrerer Situationsmodelle kommen. Entsprechend des Event-indexing Modells (Zwaan, Langston, & Graesser, 1995) werden dabei einzelne Ereignisse auf Basis von Intentionen, ProtagonistInnen, Motiven und räumlichen Situationen als Einheiten identifiziert und jeweils zu kohärenten, inhaltlich zusammenhängenden Situationsmodellen integriert.

Dabei wird zunächst ein Situationsmodell erzeugt, in dem wir unser Vorwissen über die Art der Geschichte aktivieren. Wir stellen uns die Szene nicht nur anhand dessen vor, wie sie beschrieben ist, sondern wir beziehen jenes Wissen mit ein, das wir schon anhand ähnlicher Geschichten oder Erlebnisse gesammelt haben und das jetzt durch die Lektüre aktiviert – das heißt, in den Vordergrund gerufen – wird (,,*information foregrounding*", Zwaan & Radvansky, 1998). Die Erfahrungen und Erlebnisse, die aktiviert werden, sind dabei sogenannte *Schemata*. DiMaggio (1997) definiert Schemata als mentale Repräsentationen, die festlegen auf welche Weise wir Informationen interpretieren, erinnern oder einordnen. In ihnen werden Assoziationen zu Konzepten, die unsere Umwelt repräsentieren, abgespeichert (Berger & Luckmann, 1967; Fiske & Linville, 1980; Mandler, 1984; Markus, 1977; Vaisey, 2009). Dieses im Langzeitgedächtnis gespeicherte Wissen wird beim Aufbau des Situationsmodells aktiviert und dadurch für das Arbeitsgedächtnis zugänglich gemacht (Busselle & Bilandzic, 2008). Eine Besonderheit von Schemata ist ihr in der Regel sehr starker Automatisiertheitsgrad, mit dem eine schnelle Aktivierbarkeit einhergeht (Abelson,

1981; Rumelhart, 1980). Deshalb werden Schemata auch in der Regel den impliziten Kognitionen zugerechnet (Shepherd, 2011; Vaisey, 2009). Inwieweit wir dennoch bewussten Zugang zu ihnen haben, ist nach wie vor Gegenstand wissenschaftlicher Debatten (Gawronski & Bodenhausen, 2006; Gawronski, Hofmann, & Wilbur, 2006; Oyserman & Lee, 2008). Empirisch gut gestützt ist, dass die für eine Situation relevanten Schemata in der Regel automatisch aktiviert werden und unsere Wahrnehmung, unsere Einstellungen und unserer Verhalten wesentlich beeinflussen können (Kahneman, 2003; Lieberman, Gaunt, Gilbert, & Trope, 2002).

Während der Rezeption wird das Situationsmodell sukzessive aufgebaut, neue Information wird in das Situationsmodell integriert und sollte daher möglichst kohärent, d.h. widerspruchslos, sein. Diese *Kohärenz* spielt sowohl auf der Satzebene (lokale Kohärenz), als auch auf der Ebene der ganzen Geschichte und des Vorwissens (globale Kohärenz) eine Rolle (Graesser et al., 2002). Kohärenz wird auf allen Ebenen des Situationsmodells angestrebt: räumliches Setting, zeitliches Setting, Kausalkette, Protagonist, Ziele des Protagonisten (Zwaan et al., 1995). Inkohärenzen im Text stören aber nicht nur den Aufbau des Situationsmodells, sondern auch das narrative Verstehen und die narrative Verarbeitung an sich. Der Aufbau von Kohärenz passiert mit *Inferenzen* (erklärenden, assoziativen und vorhersagenden Schlüssen; Trabasso & Magliano, 1996). Bei narrativen Texten treten am häufigsten erklärende und vorhersagende Inferenzen auf, während nicht-narrative Texte beim Rezipienten assoziative und evaluative Inferenzen hervorrufen (Narvaez et al., 1999). Der Rezipient versucht immer die Ereignisse zu erklären (Warum-Frage), während er eine Geschichte rezipiert (Graesser et al., 2002). Erklärende Inferenzen sind für das Verstehen einer Geschichte notwendig (Trabasso & Magliano, 1996).

Abbildung 2:   Mentale Modelle während des narrativen Erlebens

Im visualisierten Beispiel ist der Leser in eine Dracula-Geschichte vertieft (siehe Abbildung 2): da er weiß, was Dracula im Zimmer des Mädchens machen will, kann er ein Situationsmodell aufbauen, mit einer Hypothese über das, was in der Geschichte als nächstes passieren wird. Ähnlich verfährt der Leser mit den Personen, die in der Geschichte vorkommen: Er baut ein Charaktermodell auf, indem er die im Buch beschriebenen Eigenschaften der Charaktere mit seinen Erfahrungen und Erlebnissen integriert. Das gleiche geschieht mit dem Setting, in dem die Geschichte stattfindet, welches das sogenannte Story-world Modell hervorruft.

Wenn die mentale Vorstellung (Imagination) besonders lebhaft ist (Escalas 2004, Green/Brock 2000) und die Aufmerksamkeit davon zur Gänze in Anspruch genommen wird, entsteht ein Gefühl des In-die-Geschichte-versetzt-Werdens, das als *Transportation* bzw. *Immersion* (oder auch „deictic shift"; Zwaan/Madden/Whitten 2000) bezeichnet wird. Transportation geht mit positiven Gefühlen einher („Flow"; Busselle/Bilanzic 2009, de Graaf/ Hoeken/Sanders/Beentjes 2009, Escalas, 2004). Busselle/Bilandzic definieren Transportation "as a flow experience in constructing the mental models of a story that is accompanied by the positioning of oneself in the story world. To the extent that this activity occupies cognitive resources, the audience member must give up consciousness of his or her actual self and surroundings" (2009, 263).

32

Der Aufbau eines Situationsmodells und die Transportation in die Geschichte bewirken auf individueller und auf kollektiver Ebene, wie diese Geschichte aufgenommen wird und welche langfristigen Folgen sie haben kann.

Individuelle Wirkungen

Es gibt viele verschiedene Wirkweisen auf individueller Ebene (vgl. Abbildung 1), exemplarisch werden wir in der Folge die Meinungsbildung und das Gedächtnis diskutieren.

Meinungsbildung

Narrative Texte wirken persuasiv, können also Meinungen und Einstellungen ändern (Green & Brock, 2000): Die narrativ präsentierte Information wird als glaubwürdig eingeschätzt, woher diese Information stammt, wird mit der Zeit vergessen. Damit kann Narrativität eine geringe Glaubwürdigkeit der Quellen kompensieren (Green & Brock, 2000). Narrationen sind somit selbstlegitimierend (Geiger 2005). Bei narrativen Texten kommt es allerdings erst am Ende des Textes zu einer Meinungsbildung, nicht bereits während der Rezeption (Adaval/Wyer 1998, Pennington/Hastie 1992). Vertrauen in eine Geschichte beruht auf den drei Gewissheitsprinzipien (vgl. Pennington/Hastie1992): *inhaltliche Vollständigkeit* (Stimmigkeit der Geschichte mit der Faktenlage), *Kohärenz* (bestehend aus den drei Komponenten Konsistenz [keine innere Widersprüchlichkeit], formale Vollständigkeit [enthält die Geschichte alle Strukturmerkmale einer Geschichte] und Plausibilität [Kompatibilität mit Vorwissen]) und *Einzigartigkeit* (keine konkurrierenden Geschichten zur Erklärung desselben Sachverhalts).

Durch Transportation in eine Geschichte wird die kritische Beurteilung der Informationen unterdrückt, Misstrauen wird verhindert und die Meinungen werden unreflektiert übernommen („*suspension of disbelief*", Appel & Richter, 2007; Slater, Rouner, & Long, 2006). Mögliche Erklärungen hierfür sind entweder, dass das Situationsmodell statt des Vorwissens als Bezugsmodell für die Beurteilung der Information herangezogen wird, oder dass die Aufmerksamkeit so auf die Informationen in der Geschichte fokussiert ist, dass keine Ressourcen zu deren kritischer Beurteilung zur Verfügung stehen (Strange, 2002).

Gedächtnis

Die starke Wirkung des Situationsmodells zeigt sich auch daran, dass vollständige, klar abgegrenzte Episoden besser erinnert werden als unvollständige bzw. unklar abgegrenzte (Zacks & Swallow, 2007). Bei vollständigen Episoden wird eher die Kernbotschaft erinnert, bei unvollständigen fehlt diese Abstraktion und daher werden eher Details erinnert (Mani & Johnson-Laird, 1982). Außerdem erhöhen Kohärenzbrüche die kognitive Belastung und ziehen dadurch Ressourcen für das Erinnern dieser Inhalte ab (Zabrucky & Ratner, 1992). Auch nichtlineare Texte, z.B. Hypertexte, können Kohärenzbrüche erzeugen, die kognitive Belastung erhöhen und dadurch den Wissenserwerb verringern (Zumbach & Mohraz, 2008).

Kulturspezifische Schemata für Geschichten können das Erinnern und das Wiedergeben dieser Geschichten erleichtern (Kintsch & Greene, 1978). Dadurch können Geschichten auch in Organisationen, in denen ähnliche kulturelle Schemata vorhanden sind, kollektive Wirkmechanismen entfalten bzw. den Aufbau ähnlicher kultureller Schemata unterstützen.

Kollektive Wirkung

Um die kollektive Wirkung von Narration in Organisationen zu verstehen, ist es hilfreich, diese als soziale Systeme (vgl. Luhmann 1984) zu betrachten: Soziale Systeme definieren und reproduzieren die Beziehungen zwischen einzelnen AkteurInnen und der Gemeinschaft durch soziale Handlungen (Fuchs, 2003; Giddens 1984), wobei der Kommunikation eine zentrale Rolle zukommt. Ebenso sind Organisationen Räume sozialer Erfahrung, in ihnen sind Menschen in ständigem Austausch, sie deuten die Situationen und definieren ihre Identitäten als Organisationsmitglieder.

In jeder Organisation gibt es zentrale, identitätsstiftende Geschichten, Helden und Schurken, Erfolgsstorys und Tragödien. Organisationsnarrationen, d.h. Geschichten, die von den Mitgliedern der Organisation geteilt werden, bilden die Basis für die gemeinsame soziale Identität, für die kollektive Sinnkonstruktion und für soziale Handlungsmuster, die den Alltag der Organisation prägen. Bei diesen Geschichten handelt es sich um einen grundlegenden Modus der sozialen Konstruktion von Wirklichkeit. Nie sind diese Geschichten losgelöst von den sozialen Handlungen, im Gegenteil, sie sind immer in diese eingebettet (Kraus, 2000), wobei sowohl individuelle als auch organisationale Identitäten durch Narrationen aktiv und laufend konstruiert werden (Garcia & Hardy, 2007). Narrationen werden so zur wichtigen Grundlage von Organisationskultur da sie die

Entstehung einer gemeinsamen Bedeutungsebene begünstigen, Gruppenzusammenhalt fördern und somit zur organisationalen Identität beitragen. Durch sozialen Austausch kommt es zur Selbstorganisation und zur sozialen Reproduktion der Identität, weil gemeinsames Erleben Narrationen erzeugt, die wiederum die Grundlage für neue kollektive Handlungen bilden und Identifikation fördern (Fine 1995).

Ein zentraler Mechanismus für den Aufbau ähnlicher organisationskultureller Schemata in einer Organisation ist die Kommunikation – als Form und Vehikel geteilter Erfahrung: „Individuals' schemas become more similar as a result of shared experience and shared exposure to social cues regarding others' construction of reality" (Harris, 1994, 313). Aus der aktuellen Forschung geht hervor, dass MitarbeiterInnen, die häufig informell miteinander kommunizieren, auch ähnliche Einstellungen haben (Brass, 2012; Rice und Aydin 1991) konnten zum Beispiel zeigen, dass Einstellungen zu neuen Technologien unter denjenigen MitarbeiterInnen ähnlich waren, die häufig miteinander kommuniziert haben. In der Netzwerkforschung spricht man auch von gegenseitiger „Ansteckung" mit bestimmten Einstellungen bzw. Werthaltungen (Brass, 2012).

Diese gemeinsame Realität ist aus Sicht des sozio-kognitiven Wirkmodells eine Angleichung bzw. Synchronisation vorhandener Schemata durch regelmäßige Kommunikation bzw. Interaktion mit den gleichen Medienprodukten. Durch geteilte soziale Wahrnehmung und Interaktion, wird die Auffälligkeit der organisationskulturellen Schemata erhöht und durch wiederholte Kommunikation leichter aktivierbar gemacht (Harris 1994). Da in einer Narration nicht die gesamte Information für deren Verständnis zur Verfügung steht, greift die/der RezipientIn unbewusst auf Vorwissen in Form von Schemata zurück (siehe oben). Es kann durchaus vermutet werden, dass Schemata durch diese Aktivierung auch beeinflusst werden können. Studien von Loftus (2003) konnten eindrucksvoll die Veränderbarkeit von Erinnerungen als Reaktion auf den Input neuer – teilweise sogar erfundener – Informationen nachweisen. Die vorhandenen Schemata beeinflussen und erleichtern die Kommunikation, da sie als gemeinsames bekanntes Wissen vorausgesetzt werden können (Bartel & Garud, 2009). Geteilte Schemata machen die Kommunikation effizienter, kürzer und erhöhen die Akzeptanz der Informationen.

Aus einer systemischen Betrachtung von Kommunikation als sozialer Handlungsform ergibt sich, dass Narrationen eine Translations- und Synchronisationsfunktion zwischen den Mitgliedern der Organisation in Bezug auf Identität, Sinnkonstruktion und Organisationskultur, die sich gegenseitig bedingen und von Informationsinputs aus dem Umfeld der Organisation abhängig sind, besitzen.

Zusammengefasst haben Narrationen im sozialen System ‚Organisation'
folgende Funktionen:

1. Zentraler Modus der sozialen Wirklichkeitskonstruktion
2. Konstruktion von Sinn und Bedeutung
3. Orientierung für und Synchronisation von Handlungen
4. Legitimation von Rollen und Handlungen
5. Reduktion von Komplexität

Narration in der Organisationskommunikation

Das vorgestellte sozio-kognitive Wirkmodell zeigt, worin die Macht der Geschichten liegt: Sie können leichter aufgenommen werden als andere Texte
(wenn sie gut, d.h. kohärent gestaltet sind), ziehen uns in die Geschehnisse hin-
ein, werden leichter erinnert und sind identitätsstiftend – individuell und auch
kollektiv. Was ist also naheliegender, als sich diese auch in der Organisationskommunikation zunutze zu machen?

Geschichten und Storytelling haben ein großes Potenzial in der Organisationskommunikation, sie bieten aber nicht die Lösung für alle Kommunikationssi-
tuationen. Die größte Stärke von Narrationen liegt sicher in deren enger Ver-
knüpfung mit der Organisationskultur: Durch den Einsatz von Narrationen kann
die bestehende Kultur vermittelt, verstärkt, angereichert, aber auch verändert
werden. Dies ist vor allem in Veränderungsprozessen (z.B. Change Management,
Krisenmanagement) von Bedeutung. Durch Storytelling kann die Identifikation
mit und die Bindung der MitarbeiterInnen an das Unternehmen verstärkt werden.

Ein weiterer wichtiger Aspekt von Narrationen für die Organisationskommunikation ist der sinnstiftende: Erklärungen sind ein wesentlicher Teil von
Narrationen; Ereignisse werden in Geschichten auf natürliche Weise erklärt, die
Kommunikationsinhalte werden als glaubwürdiger eingeschätzt und unterstützen
damit die Identifikation mit den Ereignissen, aber auch mit dem Unternehmen.

Sole und Wilson (2002) nennen als konkrete Anwendungsfelder der Narration in der Organisationskommunikation, (1) gemeinsame Normen und Werte zu
teilen, (2) Vertrauen und Committment zu entwickeln, (3) Handlungswissen
(*tacit knowledge*) auszutauschen, (4) alte Strukturen, Denk- und Handlungsweisen aufzubrechen und zu verändern und (5) eine emotionale Verbindung herzustellen.

Dieselben Autoren warnen jedoch auch vor den Gefahren von Geschichten
in der Organisationskommunikation: Sie sind verführend (indem sie die kritische
Betrachtung der Inhalte unterdrücken), manchmal einseitig (wenn sie einen

Sachverhalt nur aus der Sicht eines einzelnen Protagonisten erzählen), und zu statisch (in mündlicher Form können Geschichten ihren Sachverhalt weiterentwickeln und anpassen, sobald diese niedergeschrieben sind, verlieren sie ihre Flexibilität). Wie bei jedem machtvollen Mittel besteht somit auch bei der Narration die Gefahr des Missbrauchs.

Wichtig ist es außerdem in der Organisationskommunikation auf bestehenden Unternehmensnarrationen aufzubauen. Sind die erzählten Geschichten nicht kohärent mit der Kultur der Organisation und den kollektiven Erfahrungswelten ihrer Mitglieder, so entstehen Abwehrreaktionen, die in Vertrauensverlust resultieren und die Identifikation unterlaufen. Wenn man allerdings an den Erfahrungen und dem Wissen der MitarbeiterInnen anknüpft und auf der bestehenden Organisationkultur aufbaut, können narrative Geschichten ihre sozio-kognitive Wirkung entfalten – so können sie eine Organisation in ihrer Identität stärken, oder sogar aus Schurken Helden machen.

Literatur

Abelson, R. P. (1981): Psychological status of the script concept. In: American Psychologist (36), pp. 715-729

Adaval, R./Wyer, R. S., Jr. (1998): The role of narratives in consumer information processing. In: Journal of Consumer Psychology (7), pp. 207-245

Appel, M./Richter, T. (2007): Persuasive effects of fictional narratives increase over time. In: Media Psychology (10), pp. 113-134

Bartel, C./Garud, R. (2009): The role of narratives in sustaining organizational innovation. In: Organization Science (20), pp. 107-117

Berger, P. L./Luckmann, T. (1967): The social construction of reality: A treatise in the sociology of knowledge. New York: Anchor Books.

Bordwell, D. (1985): Narration in the fiction film. Madison: University of Wisconsin Press.

Brass, D. J. (2012): A social network perspective on organizational psychology. In: S. W. J. Kozlowski (Ed.), The Oxford handbook of organizational psychology (pp. 667-695). New York: Oxford University Press.

Busselle, R./Bilandzic, H. (2008): Fictionality and perceived realism in experiencing stories: A model of narrative comprehension and engagement. In: Communication Theory (18), pp. 255-280

Busselle, R./Bilandzic, H. (2009). Measuring narrative engagement. In: Media Psychology (12), pp. 321-347

de Graaf, A./Hoeken, H./Sanders, J./Beentjes, H. (2009): The role of dimensions of narrative engagement in narrative persuasion. In: Communications (34), pp. 385-405

DiMaggio, P. (1997): Culture and cognition. In: Annual Review of Sociology (23), pp. 263-287

Escalas, J. E. (2004): Narrative processing: Building consumer connections to brands. In: Journal of Consumer Psychology (14), pp. 168-180

Fine, G. A. (1995): Public narration and group culture: Discerning discourse in social movements. In: Social Movements & Culture (4), pp. 127-143

Fiske, S. T./Linville, P. W. (1980): What does the schema concept buy us? In: Personality & Social Psychology Bulletin (6), pp. 543-557

Fuchs, C. (2003): Structuration theory and self-organization. In: Systemic Practice & Action Research (16), pp. 133-167

Garcia, P./Hardy, C. (2007): Positioning, similarity and difference: Narratives of individual and organizational identities in an Australian university. In: Scandinavian Journal of Management (23), pp. 363-383

Gawronski, B./Bodenhausen, G. V. (2006): Associative and propositional processes in evaluation: An integrative review of implicit and explicit attitude change. In: Psychological Bulletin (132), pp. 692-731

Gawronski, B./Hofmann, W./Wilbur, C. J. (2006): Are "implicit" attitudes unconscious? In: Consciousness & Cognition (15), pp. 485-499

Geiger, D. (2005): Wissen und Narration. Der Kern des Wissensmanagements. Berlin: Erich Schmidt.

Giddens, A. (1984): The constitution of society. Berkeley: University of California Press.

Glaser, M./Garsoffsky, B./Schwan, S. (2009): Narrative-based learning: Possible benefits and problems. In: Communications (34), pp. 429-227

Graesser, A. C./Hauft-Smith, K./Cohen, A. D./Pyles, L. D. (1980): Advanced outlines, familiarity, and text genre on retention of prose. In: Journal of Experimental Education, 48, pp. 281-290

Graesser, A. C./Hoffman, N. L./ Clark, L. F. (1980): Structural components of reading time. In: Journal of Verbal Learning & Verbal Behavior (19), pp. 135-151

Graesser, A. C./Olde, B./Klettke, B. (2002): How does the mind construct and represent stories? In Green, M. C./Strange J. J./Brock, T. C. (Eds.), Narrative impact: Social and cognitive foundations (pp. 231-263). Mahwah: Erlbaum.

Green, M. C./Brock, T. C. (2000): The role of transportation in the persuasiveness of public narratives. In: Journal of Personality & Social Psychology (79), pp. 701-721

Harris, S. G. (1994): Organizational culture and individual sensemaking: A schema-based perspective. In: Organization Science (5), pp. 309-321

Hickethier, K. (1996): Film- und Fernsehanalyse. Stuttgart: Metzler.

Kahneman, D. (2003): A perspective on judgment and choice: mapping bounded rationality. In: American Psychologist (58), pp. 697-720

Kintsch, W./Greene, E. (1978): The role of culture-specific schemata in the comprehension and recall of stories. In: Discourse Processes (1), pp. 1-13

Kraus, W. (1999, April): Identität als Narration. Die narrative Konstruktion von Identitätsprojekten. Colloquia Psychologie und Postmoderne, Berlin. Verfügbar unter: http://web.fu-berlin.de/postmoderne-psych/colloquium/kraus.htm [2013-11-25]

Lieberman, M. D./Gaunt, R./Gilbert, D. T./Trope, Y. (2002): Reflexion and reflection: A social cognitive neuroscience approach to attributional inference. In: Advances in Experimental Social Psychology (34) pp. 199-249

Loftus, E. (2003): Make-believe memories. In: American Psychologist (58), pp. 864-873

Luhmann, N. (1984): Soziale Systeme. Grundriß einer allgemeinen Theorie. Frankfurt am Main: Suhrkamp.

Luszcz, M. A. (1993): Orienting tasks as moderators of narrative and expository text recall in adulthood. In: Psychology & Aging (8), pp. 56-58

Mandler, J. M. (1984): Stories, scripts, and scenes: Aspects of schema theory. Hillsdale: Erlbaum.

Mani, K./Johnson-Laird, P. N. (1982). The mental representation of spatial descriptions. In: Memory & Cognition (10), pp. 181-187

Markus, H. (1977): Self-schemata and processing information about the self. In: Journal of Personality & Social Psychology (35), pp. 63-78

Narvaez, D./van den Broek, P./Ruiz, A. B. (1999): The influence of reading purpose on inference generation and comprehension in reading. In: Journal of Educational Psychology (91), pp. 488-496

Negrete, A./Lartigue, C. (2010): The science of telling stories: Evaluating science communication via narratives (RIRC method). In: Journal of Media & Communication Studies (2), pp. 98-110

Oyserman, D./Lee, S. W. S. (2008): Does culture influence what and how we think? Effects of priming individualism and collectivism. In: Psychological Bulletin (134), pp. 311-342

Pennington, N./Hastie, R. (1992): Explaining the evidence: Tests of the story model for juror decision making. In: Journal of Personality & Social Psychology (62), pp. 189-206

Price, G. (1973): A grammar of stories. The Hague: Mouton.

Rapaport, W. J./& Shapiro, S. C. (1995): Cognition and fiction. In Duchan, J. F./Bruder, G. A./Hewitt , L. E. (Eds.), Deixis in narrative. A cognitive science perspective (pp. 107-128). Hillsdale: Lawrence Erlbaum Associates.

Rice, R. E./Aydin, C. (1991): Attitudes toward new organizational technology: Network proximity as a mechanism for social information processing. In: Administrative Science Quarterly (36), pp. 219-244

Rumelhart, D. E. (1980): Schemata: The building blocks of cognition. In Spiro, R. J./Bruce, B./Brewer,W. F. (Eds.), Theoretical issues in reading and comprehension (pp. 33-58). Hillsdale: Erlbaum.

Shepherd, H. (2011): The cultural context of cognition: What the implicit association test tells us about how culture works. In: Sociological Forum (26), pp. 121–143

Slater, M. D./Rouner, D./Long, M. (2006): Television dramas and support for controversial public policies: Effects and mechanisms. In: Journal of Communication (56), pp. 235-252

Sole, D./Wilson, D. G. (2002): Storytelling in organizations: The power and traps of using stories to share knowledge in organizations. Harvard: Graduate School of Education. Available at: http://lila.pz.harvard.edu/_upload/lib/ACF14F3.pdf [2013-11-25]

Strange, J. J. (2002):How fictional tales wag real-world beliefs: Models and mechanisms of narrative influence. In: Green, M. C./Strange, J. J./Brock, T. C. (Eds.), Narrative impact: Social and cognitive foundations (pp. 263-286). Mahwah: Erlbaum.

Thorndyke, P. W. (1977): Cognitive structures in comprehension and memory of narrative discourse. In: Cognitive Psychology (9), pp. 77-110

Trabasso, T./Magliano, J. P. (1996): Conscious understanding during comprehension. In: Discourse Processes (21), pp. 255-287

Vaisey, S. (2009): Motivation and justification: A dual-process model of culture in action. In: American Journal of Sociology (114), pp. 1675–1715

Wilkens, T./Hughes, A./Wildemuth, B. M./Marchionini, G. (2005): The role of narrative in understanding digital video: An exploratory analysis. In: Proceedings of the American Society for Information Science and Technology (40), 323-329.

Zabrucky, K./Ratner, H. H. (1992): Effects of passage type on comprehension monitoring and recall in good and poor readers. In: Journal of Reading Behavior (24), pp. 373-391

Zacks, J. M./Swallow, K. M. (2007): Event segmentation. In: Current Directions in Psychological Science (16), pp. 80-84

Zumbach, J./Mohraz, M. (2008): Cognitive load in hypermedia reading comprehension: Influence of text type and linearity. In: Computers in Human Behavior (24), pp. 875-887

Zwaan, R. A./Langston, M. C./Graesser, A. C. (1995): The construction of situation models in narrative comprehension: An event-indexing model. In: Psychological Science (6), pp. 292-297

Zwaan, R. A./Madden, C. J./Whitten, S. N. (2000): The presence of an event in the narrated situation affects its availability to the comprehender. In: Memory & Cognition (28), pp. 1022-1028

Zwaan, R. A./Radvansky, G. A. (1998): Situation models in language comprehension and memory. In: Psychological Bulletin (123), pp. 162-185

Erzählen statt informieren – Das Potenzial von Storytelling in der Innovationskommunikation von B2B-Unternehmen

Gitta Rohling

Ausgangssituation

Neue Technologien und Innovationen sind für die Wettbewerbsfähigkeit vieler Unternehmen unerlässlich. Durch den schnellen wissenschaftlichen und technischen Fortschritt, Internationalisierungs- bzw. Globalisierungsprozesse sowie den intensiven Wettbewerb in den gesättigten Märkten sind Unternehmen gezwungen, beständig neue Technologien zu entwickeln. Damit diese aber als Innovationen am Markt erfolgreich sein können, müssen sie von potenziellen NutzerInnen wahrgenommen und verstanden werden. Die erfolgreiche kommunikative Vermittlung ist deshalb entscheidend. Das gilt besonders für das Business-to-Business[1]-Umfeld, da dort die Produkte und Leistungen in der Regel komplexer Natur sind, an Kaufentscheidungen mehrere Personen mit unterschiedlichen Aufgaben und Rollen beteiligt und diese Kaufentscheidungen oft mit einem hohen Risiko verbunden sind.

Im Rahmen einer Umfrage definierten Mast et al. (2004, 14) im Jahr 2004 Erfolgsfaktoren für die Vermittlung von Innovationen. Dazu gehört es beispielsweise, plastische Beispiele zu finden, Anwendungs- und Einsatzmöglichkeiten der Innovation aufzuzeigen, ihre Aktualität zu verdeutlichen, aussagekräftige Bilder zu verwenden, den Nutzen und Wert einer Innovation für einzelne Personen zu verdeutlichen, Innovationen unterhaltend und spannend zu präsentieren sowie Innovationen in „Geschichten" zu verpacken. Diese Erfolgsfaktoren legen es unmittelbar nahe, die Innovationskommunikation mit der Technik des Storytellings zu verknüpfen.

Die Idee, Storytelling in Unternehmen einzusetzen, stammt aus den USA. Zunächst als Methode für das Wissensmanagement angewandt, hielt Storytelling später auch in der Unternehmenskommunikation Einzug (vgl. Faust 2006, Fren-

---

[1] Business-to-Business wird häufig mit B-to-B sowie B2B abgekürzt; diese Begriffe werden in diesem Beitrag synonym verwendet. Ebenso werden die Begriffe Business-to-Costumer, B-to-C sowie B2C synonym benutzt.

zel et al. 2006, Herbst 2011, Mangold 2002, Simoudis 2004). Storytelling in der Unternehmenskommunikation bedeutet, den internen und externen Bezugsgruppen Fakten über das Unternehmen systematisch geplant in Form von Geschichten zu erzählen. Dies macht wichtige Informationen besser verständlich, unterstützt das Lernen und Mitdenken der Beteiligten nachhaltig und fügt damit der Kommunikation eine neue Qualität hinzu (vgl. Frenzel et al. 2006: 3, Nymark 2000: 38, Thier 2006: 24). Einfachheit, Eingängigkeit und Emotionalität lauten drei wesentliche Stärken des Storytellings (vgl. Zerfaß und Möslein 2009: 203).

Zielsetzung und Forschungsfrage

Mit dem Artikel „Innovationskommunikation in den Medien. Campaigning, Framing und Storytelling" (Zerfaß und Möslein 2009: 195 ff.) gab es eine erste und die bislang einzige wissenschaftliche Arbeit, die beide Disziplinen – Innovationskommunikation und Storytelling – zusammenführt. Der Artikel basiert auf Erkenntnissen aus Seminararbeiten, die in einem Band der Universität Hohenheim 2007 veröffentlicht wurden, unter anderem zur Personalisierung, zum Framing und zum Storytelling in der Innovationskommunikation. In einer Seminararbeit zum Thema „Storytelling in der Innovationskommunikation" heißt es:

> Im Zeitalter der Technologisierung erscheint es evident, dass Unternehmen nach Methoden suchen, die verständliche Kommunikation von technisch komplizierten Vorgängen an das breite Publikum ermöglichen. Trotz der praktischen Anwendung von Storytelling bleibt der theoretische Hintergrund jedoch weitgehend aus [...] Im Bereich der Innovationskommunikation fehlt eine Untersuchung zur gezielten Anwendung des Storytellings bisher gänzlich. (Huck 2007a: 69)

Diese Aussage ist unverändert gültig.

In dieser Untersuchung wurde eine Einschränkung auf Unternehmen aus dem Business-to-Business-Umfeld vorgenommen, da sich die Kommunikation in diesem Umfeld bezüglich der Zielgruppen und deren Verhalten und entsprechend der Art der Kommunikation vom Business-to-Consumer-Umfeld deutlich unterscheidet. Zudem ist die Annahme weit verbreitet, dass das B2B-Geschäft stärker faktengetrieben sei als das B2C-Geschäft und dass EntscheiderInnen nach objektiven, ökonomischen und weniger nach emotionalen Kriterien entscheiden. Neue Erkenntnisse zeigen heute aber, dass Entscheidungen auch im B2B-Umfeld vor allem aus emotionalen Beweggründen fallen (vgl. Baumgarth und Meissner 2010: 131 ff., Godefroid und Pförtsch 2008: 65 ff.). Ein wichtiger Grund dafür ist, dass gerade im B2B-Bereich Entscheidungen über die Anschaffung von

Technologien durch Komplexität und Unsicherheit geprägt sind. Das gilt in besonderem Maße für technologische Innovationen, die noch nicht lange im Einsatz sind.

Aus diesen Gründen scheint Storytelling als Kommunikationstechnik, mit der sich Inhalte auf einfache, eingängige und konsistente Art vermitteln lassen, auch für den B2B-Bereich ein erfolgversprechendes Mittel zu sein. Das Ziel dieser Untersuchung ist es, die Themen Innovationskommunikation, Business-to-Business sowie Storytelling theoretisch zu analysieren, ihre Umsetzung in der Empirie anhand realer Beispiele zu überprüfen und auf dieser Grundlage die Potenziale von Storytelling für die Innovationskommunikation von B2B-Unternehmen zu erarbeiten.

Storytelling wird in Theorie und Praxis in unterschiedlichen Kontexten gebraucht. Um ein Arbeitsverständnis zu gewinnen, werden in der folgenden Tabelle gängige Definitionen von Storytelling unter Berücksichtigung des jeweils fokussierten Einsatzfeldes dargestellt. Ausgewählt wurden AutorInnen, die jeweils unterschiedliche Einsatzfelder zu Grunde legen, sowie alle AutorInnen, die Storytelling als Methode für die externe Kommunikation darstellen.

Tabelle 3: Definitionen von Storytelling ausgewählter AutorInnen , eigene Erhebung

Autor/in	Einsatzfeld	Definition
DENNING (2002, 9 + 35)	Veränderungs-management	„[I]t would be not a single gadget or technique or tool but rather a discipline." „Storytelling is about making managers and leaders more effective in what they do."
HILLMANN (2011, 63-64)	Unternehmens-kommunikation	„Storytelling ist eine Methode, die systematisch geplant und langfristig angelegt Fakten über ein Unternehmen in Form von authentischen, emotionalen Geschichten vermittelt, die bei den wichtigen internen und externen Bezugsgruppen nachhaltig in positiver Erinnerung bleibt."
NYMARK (2000, 48)	Unternehmens-kommunikation	„Stories can be seen as socially constructed and negotiated accounts of past events that are important to members of an organization, and storytelling can be understood as a cognitive sense-making tool by which the organizational stakeholders incrementally and collectively reinterpretate their stories of events as an ongoing dynamic process."

SIMOUDIS (2004, 11)	Marken- kommunikation	„Strukturell betrachtet stellt die Geschichte ein mentales Organisationskonzept zur Sinnerzeugung dar."
MANGOLD (2002, 15 + 58)	Marken- kommunikation	Storytelling allgemein: „Storytelling ist die Verbindung von Handlung und Darstellung. Dabei gilt es, Geschichten durchdacht aufzubauen und auf eine bestimmte Art und Weise zu erzählen, um so gezielt beim Adressaten eine umfassende Wirkung hervorzurufen." Storytelling als Managementtool: „… beim Storytelling einer Marke [handelt es sich] um ein dynamisches Konstrukt […], das ständig durch Marketingmaßnahmen beeinflusst wird."
FRENZEL et al.: (2006, 3)	Public Relations	„Storytelling in der PR bedeutet, den internen und externen Bezugsgruppen Fakten über das Unternehmen gezielt, systematisch geplant und langfristig in Form von Geschichten zu erzählen."
HERBST (2011, 30)	Public Relations	„[Storytelling in den PR] vermittelt Schlüsselinformationen über das Unternehmen in erzählerischer Form."
SCHMIEJA (2012, 37)	Interne Kommunikation	„Storytelling, verstanden als vom Management betriebene Grundhaltung, ermöglicht es, Werte im Unternehmen durch Zuhören und Erzählen von Geschichten zu transportieren."
THIER (2006, 17)	Interne Kommunikation	„Storytelling ist eine Methode, mit der (Erfahrungs-)Wissen von Mitarbeitern über einschneidende Ereignisse in Unternehmen (wie z.B. ein Pilotprojekt, eine Fusion, Reorganisationen oder eine Produkteinführung) aus unterschiedlichsten Perspektiven der Beteiligten erfasst, ausgewertet und in Form einer gemeinsamen Erfahrungsgeschichte aufbereitet wird. Ziel ist, die gemachten Erfahrungen, Tipps und Tricks zu dokumentieren und damit für das gesamte Unternehmen übertragbar und nutzbar zu machen."

Grundsätzlich wird zwischen dem Einsatz in der internen und in der externen Kommunikation unterschieden. Diese Untersuchung beschäftigt sich mit der externen Informationsvermittlung.

Da in der wissenschaftlichen Literatur eine Vielzahl von Merkmalen genannt wird, wurde Bezug zur Narratologie genommen, der interdisziplinären Methode der Geistes-, Kultur- und Sozialwissenschaften, die eine systematische Beschreibung der Darstellungsform eines Erzähltextes anstrebt. Damit wurde eine wissenschaftlich fundierte Grundlage geschaffen, auf der die narrativen Elemente Handlung, Figuren, Raum, Zeit, Erzählsituation und Fokalisierung, Erzählmodus und Formen von Figurenrede sowie Spannung dargestellt wurden.

Die Frage, ob Storytelling von den Rezipientinnen und Rezipienten tatsächlich als attraktiver wahrgenommen wird, lässt sich zwar nicht abschließend beantworten, Ergebnisse aus verschiedenen Bereichen der Leseforschung legen aber nahe, dass sich Erzähljournalismus positiv auf die Zufriedenheit der Lesenden auswirken kann. Hingewiesen wurde in diesem Zusammenhang auf die Bedeutung von Schemata, was bedeutet, dass Lesende bei der Nutzung eines Mediums eine bestimmte Rezeptionshaltung einnehmen und Hypothesen über den Medieninhalt entwerfen. Eine für diese Untersuchung wichtige Erkenntnis daraus lautet, dass sich unterhaltende Stilmittel negativ auf die Glaubwürdigkeit, Relevanz und Informativität eines Textes auswirken können. Es gilt also, das Spannungsverhältnis zwischen Information und Unterhaltung im Blick zu haben.

Analysekriterien

Auf eine Hypothesenbildung wurde bewusst verzichtet, um die Offenheit gegenüber dem Forschungsgegenstand zu gewährleisten. Stattdessen wurden Analysekriterien erarbeitet, auf deren Grundlage der Einsatz von Storytelling in den Kundenmagazinen ausgewählter Business-to-Business-Unternehmen untersucht wurden. Für jedes zu untersuchende Analysekriterium wurden Forschungsfragen definiert, deren Beantwortung abschließend Aussagen über die Potenziale von Storytelling in der Innovationskommunikation ermöglichten. Die Analysekriterien basieren auf mehreren Säulen:

- Die Erzähltextanalyse nach Wenzel (2004) gibt den Rahmen für die Analyse vor. Die Kriterien nach Wenzel lauten: Handlung, Figuren, Raum, Zeit, Erzählsituation und Fokalisierung, Erzählmodus und Figurenrede, Erzählanfang und Erzählschluss, Spannung
- Tom Wolfes Essay (1973: 3 ff.) über den *New Journalism* dient als Grundlage für den Einsatz narrativer Elemente im New Journalism. Der New Journalism spielt für das Storytelling eine bedeutende Rolle. Denn im Gegensatz zum Nachrichtenjournalismus, der an sich die Anforderung stellt, Ergebnisse neutral zu beobachten und treffend wieder zu geben, werden die

Inhalte im narrativen Journalismus in Form von Narrationen präsentiert. Die Kriterien nach Wolfe lauten: scene-by-scene construction, record the dialogue in full, third-person point of view, status life

- Auf der Grundlage der wissenschaftlichen Literatur sind weitere Analysekriterien von Bedeutung. Dazu gehören
    - o das *Framing*, um zu analysieren, ob den Lesenden ein Referenzrahmen für Inhalte angeboten wird (vgl. Entman 1993: 53, Zerfaß und Möslein 2009: 201 f.);
    - o die *Emotionalisierung*, um zu untersuchen, wie B2B-Unternehmen mit dem Spannungsfeld zwischen Rationalität und Emotionalität umgehen (vgl. Baumgarth und Meissner 2010: 131 ff., Bausback 2003: 290 ff.).

Methodisches Vorgehen

Zur Beantwortung der Forschungsfrage wurde eine Kombination aus einem quantitativen und qualitativen Forschungszugang gewählt. Um zuverlässige und zutreffende Ergebnisse zu erzielen, wurde bei der Wahl der Methode auf ihre Reliabilität und ihre Validität geachtet. Als empirische Forschungsmethode wurde die Inhaltsanalyse gewählt, anhand derer sich ausgewählte Texte detailliert untersuchen und vergleichen lassen. Bei der Durchführung wurde auf die Intersubjektivität geachtet.

Eine Vollerhebung, die alle Kundenmagazine aller Business-to-Business-Unternehmen in Deutschland umfasst, war wegen der großen Anzahl nicht möglich. Notwendig war also eine Stichprobe. Als Grundgesamtheit wurde die Gruppe der DAX-100-Unternehmen, die zum Prime Standard der Deutschen Börse AG gehören, definiert. Um eine möglichst große Bandbreite für die Analyse zu gewährleisten, wurden jeweils vier Unternehmen aus jedem der vier Indizes DAX, MDAX, SDAX und TecDAX ausgewählt, die einen klaren B2B-Fokus haben. Zudem wurde darauf geachtet, dass die Unternehmen aus unterschiedlichen Branchen stammen sowie unterschiedlich groß sind.

Tabelle 4: Auswahl der analysierten KundInnenmagazine, eigene Erhebung

Unternehmen Sitz Anzahl Beschäftigte	Branche	Kunden- magazin	EW*	Ausgabe Seitenanzahl
DAX				
HeidelbergCement AG Heidelberg 53.000 Beschäftigte	Zement, Beton, Baustoffe	**Context**	4x	Heft 4, 2012 44 Seiten
Linde AG München 62.000 Beschäftigte	Industriegase	**Linde Techno- logy**	1x	Heft 1, 2012 56 Seiten
Siemens AG München 370.000 Beschäftigte	Elektronik, Elektrotechnik	**Pictures of the Future**	2x	Heft 2, 2012 120 Seiten
ThyssenKrupp AG Essen 168.000 Beschäftigte	Stahl	**ThyssenKrupp Magazin**	1x	Heft 1, 2012 110 Seiten
TecDAX				
Bechtle AG Neckarsulm 6000 Beschäftigte	Informations- technologie	**Bechtle Update**	4x	Heft 4, 2012 40 Seiten
Drägerwerk AG & Co. KGaA Lübeck 12.000 Beschäftigte	Medizin-, Sicherheits-, Luft- und Raumfahrt- technik	**Drägerheft**	3x	Heft 3, 2012 56 Seiten
Jenoptik AG Jena 3.100 Beschäftigte	Optoelektronik	**Focus**	2x	Heft 2, 2012 32 Seiten
Nordex SE Hamburg 2.500 Beschäftigte	Windenergie	**Windpower Update**	2x	Heft 2, 2012 24 Seiten
MDAX				
GEA Group Düsseldorf 26.000 Beschäftigte	Spezial- maschinen- bau	**Generate**	2x	Ausgabe 15, 2012 34 Seiten
Krones AG Neutraubling 10.000 Beschäftigte	Abfüll- und Verpackungstech- nik, Getränkeproduktion	**Krones Maga- zin**	4x	Heft 4, 2012 148 Seiten

Unternehmen Sitz Anzahl Beschäftigte	Branche	Kunden-magazin	EW*	Ausgabe Seitenanzahl
MDAX				
Hochtief AG Essen 80.000 Beschäftigte	Bau	**Concepts**	2x	Heft 2, 2012 44 Seiten
Salzgitter AG Salzgitter 26.000 Beschäftigte	Stahl	**STIL**	4x	Heft 4, 2012 36 Seiten
SDAX				
Bauer AG Schrobenhausen 9.700 Beschäftigte	Maschinenbau	**Bohrpunkt**	k.A.	Ausgabe 42, 2012 60 Seiten
Bertrandt AG Ehningen 10.000 Beschäftigte	Engineering	**Bertrandt Magazin**	1x	Ausgabe 12, 2012 88 Seiten
Deutz AG Köln-Porz 4.100 Beschäftigte	Motoren	**Deutzinside**	3x	Heft 3, 2012 36 Seiten
Wacker Neuson SE München 3.900 Beschäftigte	Baumaschinen, Baugeräte	**Wacker Neuson Magazin**	2x	Heft 2, 2012 32 Seiten

* Erscheinungsweise

Insgesamt wurden 220 Artikel aus 16 Kundenmagazinen ausgewertet. Analysiert wurde jeweils die letzte Ausgabe des Kundenmagazins aus dem Jahr 2012. Ausgewertet wurden alle Artikel mit Ausnahme von Nachrichten und Interviews, da diese per se keine narrativen Elemente enthalten. Da die Seitenanzahl der Magazine sowie der Umfang der Artikel sehr unterschiedlich sind, fiel pro Magazin eine unterschiedliche Anzahl an Artikeln zur Auswertung an.

Die Inhaltsanalyse lässt sich hermeneutisch-interpretierend oder empirisch-erklärend durchführen. Für diese Studie wurde das empirisch-erklärende Verfahren gewählt. Bei der Analyse wurden die Texte systematisch in Textbestandteile zerlegt und in einem standardisierten Prozess definierten Kategorien zugeordnet.

Als Analyseobjekt wurden in der Untersuchung Kundenmagazine gewählt, da diese in der Innovationskommunikation eine wichtige Rolle spielen und sich für den Einsatz von Storytelling in besonderem Maße eignen, im Gegensatz bspw. zu eher sachorientierten Pressetexten. Zwar setzen Unternehmen auch auf andere Formate wie Blogs oder Podcasts. Um aber eine Vergleichbarkeit gewährleisten zu können, wurden lediglich Kundenmagazine in die Analyse einbezogen.

Der wichtigste methodische Schritt der Inhaltsanalyse ist die Bildung von Kategorien, die formale und inhaltliche Kriterien umfassen. Erarbeitet wurden drei Kategorien: Bedeutung von Innovationen mit zwei Analysekriterien, Einsatz narrativer Elemente mit sieben Analysekriterien sowie Bedeutung von Framing mit zwei Analysekriterien.

Tabelle 5: Kategorien und Fragestellungen zur Analyse der Kundenmagazine, eigene Erhebung

Kategorie 1: Bedeutung von Innovationen	
Analysekriterium Themen	Welche Themen kommen vor? Wie häufig kommt das Thema Innovation vor?
Analysekriterium Themenmix	Liegt eine Mischung aus Themen vor? In welchem Maße werden unternehmensbezogene Inhalte aufgegriffen?

Kategorie 2: Einsatz narrativer Elemente	
Analysekriterium Textarten	Welche Textarten kommen vor? Wie häufig kommen narrative Textarten vor?
Analysekriterien Handlung, Dramaturgie, Konflikt	Wird ein Handlungsverlauf dargestellt? Gibt es einen dramaturgischen Aufbau mit Anfang, Mitte, Ende? Wird ein Konflikt genannt, der aufgelöst wird?
Analysekriterien Ort, Zeit	Wird der Ort, in dem die Geschichte spielt, genannt? Wird die Zeit, in der die Geschichte spielt, genannt?
Analysekriterium Erzählperspektive	Welche Erzählperspektiven kommen vor? Wie häufig kommen die narrativen auktorialen und personalen Erzählperspektiven vor?
Analysekriterien Personen, Charakterisierung	Treten Personen auf bzw. welche Personen treten auf? Werden sie charakterisiert?
Analysekriterium Figurenrede	Werden Personen zitiert? Sind Dialoge vorhanden? Werden Gedanken der Figuren genannt?
Analysekriterium Emotionalisierung	Kommen emotionalisierende Elemente zum Einsatz?

Kategorie 3: Einsatz von Framing	
Analysekriterium Referenzrahmen	Welche Referenzrahmen werden für die Inhalte gewählt?
Analysekriterium Titelthema	Ist ein Titelthema vorhanden?

Zusammenfassung und Analyse der Untersuchungsergebnisse

Kategorie 1: Bedeutung von Innovationen

Insgesamt greifen acht Magazine das Thema Technologie/Innovation/Forschung und Entwicklung auf, in den acht anderen Magazinen kommt das Thema allerdings nicht vor. In den acht Magazinen, die darüber berichten, ist ein deutlicher Fokus auf diesem Thema zu erkennen. Kundenmagazine sind also durchaus ein wichtiges Medium, um über Innovationen zu berichten.

Abbildung 3:   Ergebnis Themen der untersuchten Kundenmagazine, eigene Erhebung

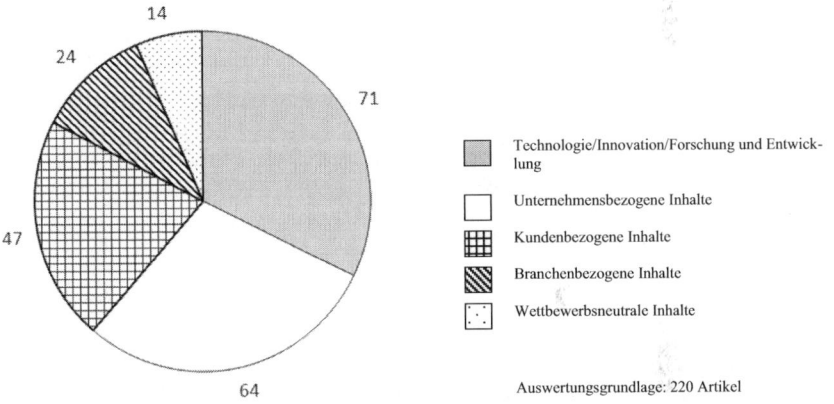

In der wissenschaftlichen Literatur wird den Macherinnen und Machern von Kundenmagazinen empfohlen, Themen des eigenen Unternehmens, seiner Produkte und Marken kaum oder nur am Rande aufzugreifen sowie eine vielfältige Mischung aus Themen zu vereinen (vgl. Mast et al. 2005b: 195, Kleinert 2008: 70). Viele der untersuchten Magazine wie Concepts, Context, Drägerheft, Linde Technology, Pictures of the Future, ThyssenKrupp Magazin und STIL sind erkennbar auf den Empfehlungen der wissenschaftlichen Literatur aufgebaut. Insgesamt zeigt die Auswertung aber, dass über unternehmensbezogene Inhalte durchaus häufig berichtet wird und knapp die Hälfte der Magazine einen Fokus auf nur einem Themenfeld hat.

Abbildung 4: Ergebnis Themenmix der untersuchten Kundenmagazine, eigene Erhebung

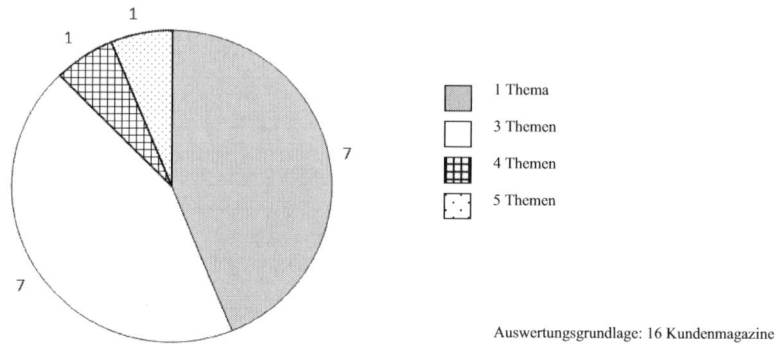

Auswertungsgrundlage: 16 Kundenmagazine

Kategorie 2: Einsatz narrativer Elemente

Die Bewertung des Einsatzes der narrativen Elemente erfolgte in Prozentzahlen, ausgehend von der Menge der ausgewerteten Artikel pro Magazin. Festgelegt wurden vier Kategorien: der seltene (bis 20%), der vereinzelte (bis 30%), der häufige (bis 50%) und der vielfältige (mehr als 50%) Einsatz narrativer Elemente.

Das Ergebnis: Der Einsatz narrativer Elemente hält sich die Waage. Von 16 Kundenmagazinen sind in acht narrative Elemente selten bzw. vereinzelt vorhanden, in acht dagegen oft bzw. in vielfältigem Maße. Weit verbreitet sind Handlungen, das Auftreten von Personen, Orts- und Zeitangaben sowie Zitate. Eher selten eingesetzt werden dagegen dramaturgische Strukturen, das Auftreten von Konflikten, Charakterisierungen, Dialoge und Gedanken sowie Emotionalisierungen. Narrative Textarten wie Features, Reportagen, Porträts sowie Kommentare/Glossen kommen selten zum Einsatz, ebenso wie die narrativen auktorialen und personalen Erzählperspektiven. Aber auch narrative Elemente, die bereits eingesetzt werden, haben durchaus noch weiteres Potenzial. Ein gutes Beispiel ist der Umgang mit Orts- und Zeitangaben. Diese Angaben dienen als Strukturmerkmale, die in der Narratologie und im Journalismus eine große Bedeutung haben. In Reportagen werden Ort und Zeit oft genannt, so dass die Geschichte, die erzählt wird, einen strukturellen Rahmen erhält. In den Magazinen sind Orts- und Zeitangaben durchaus weit verbreitet, werden aber über die Nennung hinaus nur selten als narrative Strukturmerkmale eingesetzt.

Abbildung 5:   Ergebnis narrative Elemente in den untersuchten Kundenmagazinen, eigene Erhebung

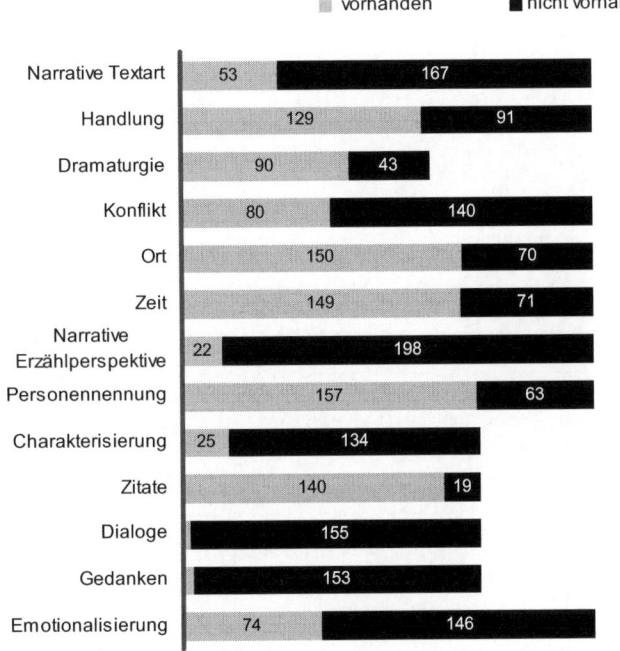

■ vorhanden   ■ nicht vorhanden

Kategorie	vorhanden	nicht vorhanden
Narrative Textart	53	167
Handlung	129	91
Dramaturgie	90	43
Konflikt	80	140
Ort	150	70
Zeit	149	71
Narrative Erzählperspektive	22	198
Personennennung	157	63
Charakterisierung	25	134
Zitate	140	19
Dialoge		155
Gedanken		153
Emotionalisierung	74	146

Kategorie 3: Framing

Frames dienen als Referenzrahmen, die Informationen strukturieren und den Lesenden eine Grundlage für die Bewertung von Themen bieten. Solche Referenzrahmen werden allerdings nur selten eingesetzt. Ein Titelthema gibt automatisch einen Referenzrahmen für die einzelnen Artikel vor. Titelthemen kommen bei knapp der Hälfte der Kundenmagazine vor, ziehen sich aber nicht immer konsequent durch das Heft. Eine interessante Möglichkeit, die Inhalte zu strukturieren, ist die Wahl mehrerer Leitthemen, die ebenfalls einen Referenzrahmen und einen roten Faden vorgeben, ohne die Themenwahl einzuschränken.

Die folgende Tabelle fasst die Ergebnisse in der Gesamtbetrachtung der Kundenmagazine zusammen.

Tabelle 6: Einsatz von Storytelling in Kundenmagazinen von B2B-Unternehmen, eigene Erhebung

Kategorie 1: Bedeutung von Innovationen	
Analysekriterium Themen	Die Hälfte der Magazine greift das Thema Innovation auf, die andere Hälfte nicht. In den acht Magazinen, die darüber berichten, ist ein deutlicher Fokus auf dem Thema zu erkennen. Kundenmagazine sind also durchaus ein wichtiges Medium, um über Innovationen zu berichten.
Analysekriterium Themenmix	Über unternehmensbezogene Inhalte wird häufig berichtet, der Empfehlung der wissenschaftlichen Literatur wird damit nicht entsprochen. Mehr als die Hälfte der Magazine deckt mehrere Themenarten ab und folgt damit der Empfehlung der wissenschaftlichen Literatur.
Kategorie 2: Einsatz narrativer Elemente	
Analysekriterium Textarten	Die narrativen Textarten Feature, Reportage, Porträt sowie Kommentar/Glosse kommen im Vergleich mit Berichten eher selten zum Einsatz.
Analysekriterien Handlung, Dramaturgie, Konflikt	Die Handlung als elementare Ebene eines Erzähltextes ist relativ weit verbreitet, eine Dramaturgie und die Nennung eines Konfliktes inklusive einer Auflösung dagegen nicht. Bezüglich Konfliktarten werden sehr oft Herausforderungen bei Kundenprojekten sowie Herausforderungen, die die Branche betreffen, genannt. Seltener kommen Konflikte mit Anekdotencharakter oder persönliche Konflikte vor.
Analysekriterien Ort, Zeit	Orts- und Zeitangaben dienen als Strukturmerkmale, die in der Narratologie und im Journalismus eine große Bedeutung haben. Orts- und Zeitangaben sind weit verbreitet, werden aber nur selten als narrative Strukturmerkmale eingesetzt.
Analysekriterium Erzählperspektive	Gerade im New Journalism ist die erkennbare Sicht und Stimme einer Erzählinstanz ein wichtiges narratives Element – in Kundenmagazinen ist dieses Element aber kaum verbreitet.
Analysekriterien Personen, Charakterisierung	Personen spielen in Erzähltexten eine zentrale Rolle, da sich die Leserin/der Leser mit ihnen identifizieren kann und sie vielfältige Möglichkeiten zur Emotionalisierung bieten. Während die Nennung von Personen als Erzählelement weit verbreitet ist, werden diese Personen darüber hinaus nur selten charakterisiert. Nur einige wenige Magazine setzen konsequent auf dieses narrative Element.

Analysekriterium Figurenrede	Das Zitat als narratives Element ist weit verbreitet, Dialoge und Gedanken, die im New Journalism von zentraler Bedeutung sind, da sie eine stärkere erzählerische Einflussnahme ausüben, kommen dagegen nur äußerst selten vor.
Analysekriterium Emotionalisierung	Einige Kundenmagazine setzen Emotionalisierung als narratives Element sehr häufig ein. Bei einem Großteil der Magazine sind allerdings keine Emotionalisierungen vorhanden.

Kategorie 3: Einsatz von Framing

Analysekriterium Referenzrahmen	Frames dienen als Referenzrahmen, die Informationen strukturieren und den Lesenden eine Grundlage für die Bewertung von Themen bieten. Solche Referenzrahmen werden allerdings nur selten eingesetzt.
Analysekriterium Titelthema	Ein Titelthema gibt automatisch einen Referenzrahmen für die einzelnen Artikel vor, wenn es sich als roter Faden durch das Heft zieht. Titelthemen kommen bei knapp der Hälfte der Kundenmagazine vor, ziehen sich aber nicht immer konsequent durch das Heft. Es gibt aber andere interessante Ansätze, die Inhalte zu strukturieren, bspw. durch die Wahl mehrerer Leitthemen.

Forschungsergebnisse im Überblick

Ziel dieser Untersuchung war es, die Potenziale von Storytelling für die Innovationskommunikation von Business-to-Business-Unternehmen zu bestimmen. Dabei wurde deutlich, dass sich Storytelling als Kommunikationstechnik, mit der sich Inhalte auf einfache, eingängige und konsistente Art vermitteln lassen, für die Innovationskommunikation von B2B-Unternehmen anzubieten scheint. Am Beispiel ausgewählter Kundenmagazine der DAX-100-Unternehmen wurde überprüft, inwieweit die in der Theorie definierten Storytelling-Elemente in der Praxis nachweisbar sind. Untersucht wurden 16 Kundenmagazine von Unternehmen mit einem klaren B2B-Fokus. Dabei ergab sich ein heterogenes Bild: In 8 Magazinen sind narrative Elemente kaum bzw. nur vereinzelt vorhanden, in 8 Magazinen dagegen oft bzw. in vielfältiger Form.

Aus den Überlegungen der Theorie und der Auswertung der Empirie kann die Forschungsfrage wie folgt beantwortet werden: Storytelling wird als Kommunikationstechnik für die Innovationskommunikation von Business-to-Business-Unternehmen bereits eingesetzt, der Einsatz ist aber noch ausbaufähig.

Die Tatsache, dass das Potenzial von Storytelling noch nicht ausgeschöpft wird, ist möglicherweise in den Annahmen begründet, dass eher rationale Aspekte die industrielle Kaufentscheidung im Business-to-Business-Umfeld bestimmen und dass Information und Unterhaltung einander ausschließen. Tatsächlich können sich unterhaltende Stilmittel negativ darauf auswirken, wie Rezipientinnen und Rezipienten die Glaubwürdigkeit, Relevanz und Informativität eines Textes wahrnehmen. Allerdings hat auch im als bislang sehr rational empfundenen B2B-Umfeld durch die Erkenntnis, dass Entscheidungen über die Anschaffung von Technologien durch Komplexität und Unsicherheit geprägt sind, ein „narrative turn" stattgefunden. Das gilt in besonderem Maße für technologische Innovationen, die noch nicht lange im Einsatz sind. Für B2B-Unternehmen ist es von großer Bedeutung, die verständliche Kommunikation von technisch komplizierten Vorgängen an das breite Publikum zu ermöglichen. Dafür scheint Storytelling eine geeignete Methode zu sein. Allerdings ist die Annahme, dass Rezipientinnen und Rezipienten narrative Kommunikationsformate im Vergleich zu nicht-narrativen als attraktiver empfinden, empirisch bislang nicht bewiesen. Information auf der einen und Unterhaltung auf der anderen Seite stehen zwar nicht in einem Gegensatz-, aber doch in einem Spannungsverhältnis. Wenn komplexe Sachverhalte allzu reduziert und relevante Informationen nicht dargestellt werden, dann kann die Attraktivität eines Textes auf die Leserin/den Leser sinken.

Im B2B-Umfeld scheint eine Kombination rationaler und emotionaler Inhalte auch deswegen die richtige Lösung, da jeder Kaufentscheidung immer sowohl affektive als auch kognitive Elemente zugrunde liegen, da der Rationalität und Emotionalität unterschiedliche Funktionen im Kaufprozess zukommen und da mit kombinierten Inhalten besser auf unterschiedliche Anforderungen der Buying-Center-Mitglieder eingegangen werden kann. Wenn es gelingt, narrative Elemente ohne Verlust relevanter Informationen einzusetzen, so können diese Informationen unter Umständen sogar besser und an ein breiteres Publikum vermittelt werden als durch die reine Darstellung von Fakten. Die Herausforderung besteht darin, spannende Geschichten zu entwickeln. Das Storytelling mit seinen narrativen Elementen gibt den Kommunikatorinnen und Kommunikatoren dafür diverse Instrumentarien an die Hand.

Interpretation und Handlungsempfehlungen

Aus den gewonnenen Erkenntnissen lassen sich Handlungsempfehlungen zum Einsatz von Storytelling in der Innovationskommunikation von Business-to-Business-Unternehmen ableiten.

Kategorie 1: Bedeutung von Innovationen

In der wissenschaftlichen Literatur wird den Macherinnen und Machern von Kundenmagazinen geraten, eine vielfältige Mischung aus Inhalten zu vereinen sowie Themen des eigenen Unternehmens, seiner Produkte und Marken kaum oder nur am Rande aufzugreifen. Intendiert wird damit eine journalistische Aufmachung, die die Möglichkeit biete, latent Kernbotschaften und Schlüsselbilder zu transportieren sowie gezielt Werte und Themen zu platzieren. Viele der untersuchten Magazine sind erkennbar auf diesen Empfehlungen aufgebaut. Dagegen kann aber auch der vielfältige Einsatz von Storytelling eine Möglichkeit sein, Themen für die Lesenden interessant aufzubereiten, ohne dass der Versuch im Vordergrund stehen muss, ein journalistisches Produkt zu sein.

Kategorie 2: Einsatz narrativer Elemente

Der Einsatz narrativer Elemente bietet Potenzial, das im Folgenden bezogen auf die einzelnen Analysekriterien aufgezeigt wird.

Textarten

Während Berichte einer tatsachenbetonten Darstellung eines Ereignisses, Sachverhalts oder Themas entsprechen, bieten die Textarten Feature, Porträt, Reportage, Kommentar und Glosse vielfältige Möglichkeiten, narrative Elemente einzusetzen. Diese narrativen Textarten sind in den bewerteten Kundenmagazinen kaum verbreitet, ihr Einsatz ist also ausbaufähig.

Handlung, Dramaturgie, Konflikt

Eine Handlung, die die elementarste Ebene eines Erzähltextes darstellt, ist in den bewerteten Kundenmagazinen bereits weit verbreitet. Empfohlen wird der konsequentere Einsatz von Dramaturgie und Konflikt inklusive einer Auflösung als wichtige narrative Elemente, die bisher nur selten vorkommen. Konflikte können durch die Nennung von Herausforderungen in Projekten thematisiert werden; weitere Möglichkeiten sind übergreifende Branchenthemen, aber auch Anekdoten. Sinnvoll ist es, die Darstellung eigener Technologien in einen Referenzrahmen zu stellen, der dann problematisiert werden kann. Gerade Innovationen eignen sich besonders gut für eine entsprechende Dramatisierung, da sie ja in der

Regel entwickelt werden, um etwas zu verbessern, also von einer „schwierigen"
Ausgangslage starten.

Ort und Zeit

Ort und Zeit werden bereits häufig genannt, diese Angaben sollten aber konse-
quenter als narrative Strukturmerkmale eingesetzt werden, die einen Rahmen für
eine Geschichte vorgeben.

Erzählperspektive

Jeder narrative Text enthält Elemente, die die Stimme des Erzählenden projizie-
ren, wobei der Grad der Ausprägung variiert. Die auktoriale und die personale
Erzählperspektive sind eher subjektiv geprägt, da die Erzählinstanz sich entweder selbst ins Spiel bringt oder hinter einer Figur zurücktritt. In der neutralen
Perspektive berichtet der Erzählende wie ein außenstehender Beobachtender aus
der Distanz. Gerade im New Journalism ist die erkennbare Sicht und Stimme
einer Erzählinstanz, die durch eine auktoriale oder personale Perspektive entsteht, ein wichtiges narratives Element. In den bewerteten Kundenmagazinen ist
dieses Element kaum verbreitet. Hier ist also Potenzial vorhanden: ForscherInnen können die Entwicklung und AnwenderInnen den Nutzen einer Innovation
erlebbar machen.

Personen, Charakterisierung

Der Einsatz von Personen, die in Erzähltexten eine zentrale Rolle spielen, ist in
den bewerteten Kundenmagazinen bereits weit verbreitet. Empfohlen wird der
konsequentere Einsatz von Charakterisierungen als wichtiges narratives Element,
das bislang nur selten vorkommt. Wenn Personen in den Vordergrund rücken,
können Informationen aus ihrer Sicht anschaulich beschrieben werden.

Figurenrede

Die Figurenrede unterscheidet sich durch verschiedene Grade an erzählerischer
Einflussnahme bzw. Mittelbarkeit in der Darstellung. Bei einem Gesprächs- bzw.
Gedankenbericht ist sie am größten. Dialoge und Gedanken spielen entsprechend

auch im New Journalism eine zentrale Rolle. Während Zitate in den ausgewerteten Magazinen vielfach eingesetzt werden, kommen Dialoge und Gedanken, außer im Magazin ‚Pictures of the Future', nicht vor. Der Einsatz ist also ausbaufähig.

Emotionalisierung

Emotionalisierungen können abstrakte Daten in überzeugende Bilder übersetzen und um eine persönliche Komponente ergänzen. Der Einsatz emotionalisierender Elemente ist noch nicht weit verbreitet. Gerade für B2B-Unternehmen ist Emotionalisierung interessant, um abstrakte Daten in überzeugende Bilder zu übersetzen.

Beispiele

Im Folgenden werden einige Textpassagen aus Kundenmagazinen zitiert, welche die Macht von Bildern veranschaulichen.

„Stolz trägt die Boeing 787, das technisch modernste Großraumflugzeug Amerikas, den Beinamen „Dreamliner". Ausgebrütet und aus dem Ei gepellt wird der Wundervogel nun auch in einem neuen Nest in South Carolina, das die amerikanische HOCHTIEF-Tochter Turner erschaffen hat: in der Dreamliner-Fertigungshalle in North Charleston." (Concepts, Heft 2, 2012 S. 36)

„Die blaue Drucktür führt in eine andere Welt. Hier glänzt Edelstahl, Liegesessel mit weißen Kunststoffbezügen hängen an der Wand. Unter der Decke: eine Hochdruck-Wassernebel-Löschanlage. Links führt eine Leiter durch eine enge Röhre nach unten in die nächste Etage. Sie ist ein Spiegelbild des oberen Wohnzylinders, nur dass sich hier Stockbetten entlang der Wände hangeln. So stellt man sich das Innere einer Raumstation vor. Und tatsächlich ist dieses Habitat für das Leben unter extremen Bedingungen gemacht: doch nicht im All, sondern tief unter der Meeresoberfläche." (Drägerheft, Heft 3, 2012, S. 9)

„Sie haben weder Biologie studiert noch einen Doktortitel in Chemie. Dennoch managen lebende Zellen ein kompliziertes biochemisches Räderwerk. Menschen nutzen die Talente von Einzellern wie Bakterien, Hefen oder Pilze schon lange: Käse, Wein und Joghurt, aber auch Penicillin sind bekannte Beispiele für die Leistung der Mikroorganismen. Die optimal aufeinander abgestimmten Stoffwechselprozesse, die in den Zellen ablaufen, hätte kein Chemieingenieur besser konstruieren können." (Linde Technology, Heft 1, 2012, S. 50)

Wie Astronauten auf der Reise zu einem unerforschten Planeten haben sich Wissenschaftler großer Universitäten in den USA und Europa auf eine Mission begeben, um eine der komplexesten Regionen des Universums zu erforschen: die 100 Milliarden Neuronen und 150 Billionen Synapsen, die die Verknüpfungen im menschlichen Gehirn bilden. (Pictures of the Future, Heft 2, 2012, S. 71)

Kategorie 3: Einsatz von Framing

Der Einsatz von Framing wird empfohlen, da Frames als Interpretations- und Referenzrahmen Informationen strukturieren und den Lesenden die Bewertung von Themen erleichtern. Zudem bieten Frames die Möglichkeit, Konflikte zu thematisieren, die nichts mit dem Unternehmen oder einem Projekt zu tun haben. Empfohlen wird darüber hinaus die Verwendung eines Titelthema oder alternativ mehrere Leitthemen. Sie bieten die Möglichkeit, einen bestimmten Bereich zu fokussieren und in mehreren Artikeln aus unterschiedlichen Perspektiven zu betrachten. Zudem können sie eine Framing-Funktion erfüllen, indem sie einen Referenzrahmen über das Unternehmen, ein Kundenprojekt oder eine Technologie hinaus kreieren und damit gleichzeitig einen roten Faden für die Artikel vorgeben.

Zusammenfassend kann festgehalten werden, dass auf der Grundlage der Theorie und Empirie sich die Annahme, dass sich Storytelling als Kommunikationstechnik für die Innovationskommunikation von B2B-Unternehmen anbietet, bestätigen ließ. Storytelling bietet umfangreiche Möglichkeiten, glaubwürdig die Kompetenz des Unternehmens zu vermitteln und so die Risikowahrnehmung auf der Käuferseite zu reduzieren. Die Bedeutung ist vielen Unternehmen aber noch nicht bewusst und der Einsatz von Storytelling bei weitem nicht ausgeschöpft.

Literatur

Baumgarth, C./Meissner, S. (2010): Verhaltenswissenschaftliche Betrachtung von B-to-B-Marken, In: Baumgarth, C. (Hrsg.): B-to-B-Markenführung. Grundlagen – Konzepte – Best Practice, Wiesbaden: Gabler Verlag.
Bausback, N. (2007): Positionierung von Business-to-Business-Marken. Konzeption und empirische Analyse zur Rolle von Rationalität und Emotionalität, Wiesbaden: Deutscher Universitäts-Verlag / GWV Fachverlage.
Bilandzic, H./Kinnebrock, S. (2006): Persuasive Wirkungen narrativer Unterhaltungsangebote. Theoretische Überlegungen zum Einfluss von Narrativität auf Transportati-

on, In: Wirth, W./ Schramm, H./ Gehrau, V. (Hrsg.): Unterhaltung durch Medien. Theorie und Messung, Köln: Herbert von Halem Verlag, S. 102-126.

Chesbrough, H. W. (2006): Open Innovation: The New Imperative for Creating and Profiting from Technology, Boston: Harvard Business School Publishing.

Denning, S. (2011): The Leader's guide to storytelling. Mastering the art and discipline of business narrative, überarb. Aufl., San Francisco: John Wiley & Sons.

Entmann, R. M. (1993): Framing: Toward clarification of a fracturated paradigm, In: Journal of Communication, Jg. 43, Heft 4, S. 51-58.

Faust, T. (2006): Storytelling. Mit Geschichten Abstraktes zum Leben erwecken, In: Bentele, G./Piwinger, M./Schönborn, G. (Hrsg.): Kommunikationsmanagement [Loseblattsammlung], Nr. 5.23, Neuwied: Luchterhand.

Frenzel, K./M. Müller/H. Sottong (2006): Storytelling. Das Praxisbuch, München: Carl Hanser Verlag.

Früh, W. (2011): Inhaltsanalyse: Theorie und Praxis, 7. Aufl., Stuttgart: UTB.

Godefroid, P./Pförtsch, W. A. (2008). Business-to-Business-Marketing, 4. Aufl. Ludwigshafen: Friedrich Kiehl Verlag.

Green, M. C./Brock, T. C. (2002): In the mind's eye: Transportation-imagery model of narrative persuasion, In: Green, M. C./Strange, J. J./Brock, T. C. (Hrsg.): Narrative impact: Social and cognitive foundations, Mahwah: Lawrence Erlbaum, S. 315-341.

Hallahan, K. (1999): Seven Models of Framing: Implications for Public Relations, in: Journal of Public Relations Research, 11. Jg. 11, Nr. 3, S. 205-243.

Hauschildt, J./Salomo, S. (2007): Innovationsmanagement, 4. Auflage, München: Verlag Franz Vahlen.

Herbst, D. (2011): Storytelling, 2. Aufl., Konstanz: UVK Verlagsgesellschaft.

Hickethier, K. (1997): Das Erzählen der Welt in den Fernsehnachrichten. Überlegungen zu einer Narrationstheorie der Nachricht, In: Rundfunk und Fernsehen, Jg. 45, Nr. 1, S. 5-18.

Huck, S. (Hrsg.) (2007a): Innovationskommunikation. Innovationen verständlich vermitteln: Strategien und Instrumente der Innovationskommunikation, in: Kommunikation & Analysen, Band 3, Stuttgart: Universität Hohenheim, Fachgebiet Kommunikationswissenschaft und Journalistik.

Huck, S. (Hrsg.) (2007b): Pressearbeit für Innovationen. Journalistische Berichterstattung über Neuerungen und ihre Anforderungen an Public Relations, in: Kommunikation & Analysen, Band 4, Stuttgart: Universität Hohenheim, Fachgebiet Kommunikationswissenschaft und Journalistik.

Ili, S. (Hrsg.) (2010): Open Innovation umsetzen. Prozesse, Methoden, Systeme, Kultur, Düsseldorf: Symposion Publishing.

Mangold, M. (2002): Markenmanagement durch Storytelling, Arbeitspapier zur Schriftenreihe Global Branding, Band 2, München: FGM-Verlag.

Martinez, M. und M. Scheffel (2007): Einführung in die Erzähltheorie, 7. Aufl., München: Verlag C. H. Beck.

Mast, C./Huck, S./Zerfaß, A. (2004): INNOVATE 2004 – Ergebnisse der deutschlandweiten Trendstudie unter Journalisten und Kommunikationsfachleuten, Stuttgart: Universität Hohenheim, Fachgebiet Kommunikationswissenschaft und Journalistik.

Mast, C./Zerfaß, A. (Hrsg.) (2005a): Neue Ideen erfolgreich durchsetzen. Das Handbuch der Innovationskommunikation, Frankfurt a. M.: Frankfurter Allgemeine Buch.

Mast, C./Huck, S./Zerfaß, A. (2006): Innovationskommunikation in dynamischen Märkten. Empirische Ergebnisse und Fallstudien, Berlin: LIT Verlag.

Merbold. C. (1994): Business-to-Business-Kommunikation. Bedingungen und Wirkungen, Spiegel-Verlagsreihe Band 10, Fach & Wissen, Hamburg: Spiegel Verlag.

Nymark, S. R. (2000): Organizational Storytelling. Creating Enduring Values in a High-tech Company, Hinnerup: Ankerhus.

Rogers, E. M. (2003): Diffusion of Innovations, 5. Aufl., New York: Free Press.

Salmon, C. (2010): Storytelling, London: Verso.

Schmieja, P. (2012): Untersuchung der Bedeutung des Storytelling für die werteorientierte Kommunikation innerhalb der internen Unternehmenskommunikation, Master-Thesis im Studiengang Betriebswirtschaftslehre an der Fachhochschule Stuttgart.

Schumpeter, J. (1911): Theorie der wirtschaftlichen Entwicklung, Leipzig: Verlag von Duncker & Humblot.

Simmons, A. (2004): Mit guten Geschichten Menschen gewinnen, München: Piper Verlag.

Simoudis, G. (2004): Storytising. Geschichten als Instrument erfolgreicher Markenführung, Groß-Umstadt: Sehnert-Verlag.

Thier, K. (2006): Storytelling. Eine narrative Managementmethode, Heidelberg: Springer Medizin Verlag.

Tuomi, I. (2002): Networks of Innovation. Change and Meaning in the Age of the Internet, New York: Oxford University Press.

Wenzel, P. (2004) (Hrsg.): Einführung in die Erzähltextanalyse. Kategorien, Modelle, Probleme, WVT-Handbücher zum literaturwissenschaftlichen Studium, Band 6, Trier: WVT Wissenschaftlicher Verlag Trier.

Wolfe, T. (1973): The New Journalism, in: Wolfe, T. und E. W. Johnson (Hrsg.): The New Journalism: An Anthology, New York et al.: Harper & Row, S. 3-52.

Zerfaß, A./Sandhu, S./Huck, S. (2004): Innovationskommunikation – strategisches Handlungsfeld für Corporate Communications, In: Bentele, G./Piwinger, M./Schönborn, G. (Hrsg.): Kommunikationsmanagement [Loseblattsammlung], Nr. 1.24, Neuwied: Luchterhand.

Zerfaß, A./Huck, S. (2007): Innovationskommunikation: Neue Produkte, Technologien und Ideen erfolgreich positionieren, in: Piwinger, M. und A. Zerfaß (Hrsg.): Handbuch Unternehmenskommunikation, Wiesbaden: Gabler Verlag, S. 847-858.

Zerfaß, A./Möslein, K. M. (Hrsg.) (2009): Kommunikation als Erfolgsfaktor im Innovationsmanagement – Strategien im Zeitalter der Open Innovation, Wiesbaden: Gabler Verlag.

Geschichten als Bluechips – Die Potenziale von Storytelling für die Imagebildung deutscher Finanzdienstleistungsunternehmen

Sabine Knöß

Ausgangssituation

Die Finanzbranche steht seit der Banken-, Wirtschafts- und Schuldenkrise in den Jahren 2008 und 2009 vor großen Herausforderungen. Die politischen Rahmenbedingungen, das Wettbewerbs- und Kapitalmarktumfeld sowie die Anforderungen der KundInnen an Produkte, Services und Leistungsspektrum haben sich massiv verändert. Dabei sind die Erwartungen der Kundinnen bzw. Kunden ebenso heterogen wie das Wissen und die Vorkenntnis über Finanzen. Beiden Faktoren muss im Rahmen des Beratungsprozesses Rechnung getragen werden. Gleichzeitig verzeichnet die Branche einen kontinuierlichen Vertrauensverlust. Umso mehr entscheidet für einzelne Anbieter der gute Ruf maßgeblich über den Zuspruch der Kundinnen bzw. Kunden und damit über Erfolg und Misserfolg.

Dieser neuen Situation trägt die Unternehmenskommunikation mit professionellen Maßnahmen für Aufbau und Pflege des Images Rechnung. Doch die zu vermittelnden Inhalte sind und bleiben komplex, und das Interesse der Bevölkerung an Finanzthemen ist in weiten Teilen nur bedingt vorhanden. Um die Bezugsgruppen dennoch zu erreichen, steigt vor diesem Hintergrund die Bedeutung von narrativer Kommunikation. Welche Möglichkeiten Storytelling zur Stärkung des Images deutscher Finanzdienstleistungsunternehmen bietet, beschreibt der vorliegende Beitrag.

Auf Basis der aktuellen wissenschaftlichen Diskussion werden zunächst die Grundlagen der Imagebildung von Unternehmen skizziert, die Einsatzmöglichkeiten von Storytelling im Imagebildungsprozess aufgezeigt und die Herausforderungen für die Kommunikation von Finanzdienstleistungsunternehmen im aktuellen Umfeld erläutert. Anschließend gibt eine empirische Untersuchung Aufschluss über den aktuellen Einsatz von Storytelling in der Praxis, das zugrunde liegende Verständnis sowie die Bedeutung, Zielsetzung und Entwicklungsmöglichkeiten in der Kommunikation.

Damit richtet sich der vorliegende Beitrag einerseits an die kommunikationsverantwortlichen Personen in der Finanzbranche, indem er Potenziale für die Unternehmenskommunikation aufdeckt, die sich aus dem Einsatz von narrativer Kommunikation ergeben. Andererseits besteht die Intention darin, durch einen wissenschaftlichen Beitrag bestehende Forschungslücken beim Thema Storytelling zu schließen.

Grundlagen der Imagebildung von Unternehmen

Mit der Professionalisierung der Unternehmenskommunikation hat sich auch die wissenschaftliche Herangehensweise verändert. Der Fokus wird zunehmend darauf gerichtet, wie die Bezugsgruppen Informationen aufnehmen, verarbeiten und abspeichern. Dabei stellt sich die Frage, wie das Image eines Unternehmens entsteht und sich verfestigt, welche Bedeutung es hat, wie es gesteuert werden kann und wo sich Ansatzpunkte für narrative Kommunikation ergeben.

Das Image eines Unternehmens ist ein Konstrukt der Wahrnehmung. Es entsteht nicht voraussetzungslos, sondern muss im Zusammenspiel mit der Unternehmensidentität betrachtet werden. Darüber hinaus steht es in einem engen Zusammenhang mit der Unternehmensmarke und Unternehmensreputation.

Im klassischen Corporate-Identity-Modell definieren Birkigt et al. (2002: 19-23) die Identität als Selbstbild eines Unternehmens. Im Kern steht die Unternehmenspersönlichkeit, die sich in den Komponenten Verhalten, Erscheinungsbild und Kommunikation manifestiert. Identität bedeutet Bergler (2008: 321) zufolge immer Individualität, Unverwechselbarkeit, Eindeutigkeit sowie Verbindlichkeit und entwickelt sich im Kontext wirtschaftlicher, politischer oder gesellschaftlicher Rahmenbedingungen. Folglich integriert das Unternehmen die Erwartungen der Bezugsgruppen in die Selbstdarstellung und bildet gleichzeitig verlässliche Erwartungen aus (vgl. Herger 2006: 46).

Wenn die Identität das Selbstbild des Unternehmens bezeichnet, handelt es sich beim Image um das Fremdbild. Wie Birkigt et al. (2002: 23) betonen, ist es die Projektion der Unternehmensidentität in den Köpfen der Bezugsgruppen. Diese bilden ein stark vereinfachtes, typisiertes, auf der Verallgemeinerung und Polarisierung von positiven oder negativen Einzelerfahrungen beruhendes Vorstellungsbild des Unternehmens aus, das emotional aufgeladen und stabil ist (vgl. Bergler 2008: 328). Unternehmen können auf diese Weise „gesichtslose Beziehungen in gesichtsabhängige Bindungen transformieren" (Buß 2007: 229). Über atmosphärische Signale erleichtern sie die Orientierung in einer von Sachinformationen geprägten komplexen Umwelt und reduzieren so Unsicherheit. Damit wird Image – verstanden als öffentliche Akzeptanz – zu einem wirtschaftlichen Gut (vgl. Buß 2007: 235-239).

Während es sich beim Image um die tatsächliche Positionierung handelt, gilt die Unternehmensmarke als die vom Unternehmen angestrebte Positionierung (vgl. Niederhäuser / Rosenberger 2011: 55). Dabei konzentriert sich die Marke auf nur wenige Werte, die in ihr verdichtet und zu einem kommunikativen Versprechen zugespitzt werden (vgl. Niederhäuser / Rosenberger 2011: 55). Als sichtbare und einfach erfassbare Kennzeichen sind Unternehmensmarken ein Gegenstand, zu dem Vertrauen aufgebaut werden kann. Allerdings können Marken für Unternehmen keine Problemlösungen leisten, betont Herger (2006: 47-48). Sie vermögen lediglich, die Komplexität der Umwelt zu reduzieren und damit zur Stabilisierung der an das Leistungsversprechen geknüpften Erwartungen beizutragen.

Die Gemeinsamkeit der Konstrukte Image und Reputation besteht darin, dass sie der Erfassung des Fremdbildes dienen. Niederhäuser / Rosenberger (2011: 103f) verstehen die Unternehmensreputation als eigenständiges Konstrukt, das sich aus den Images der verschiedenen Bezugsgruppen speist und in der öffentlichen Diskussion bildet. Dem entspricht die klassische Auslegung des Reputationsbegriffs als „[...] overall estimation of a firm by its stakeholders" (Fombrun 1996: 78). Während im Imagebildungsprozess intuitiv Merkmale zugeschrieben werden, ist Reputation eine bewusste Bewertung von Eigenschaften, Handlungen und damit der Leistungsfähigkeit eines Unternehmens (vgl. Niederhäuser / Rosenberger 2011: 104). In der Wahrnehmung der Bezugsgruppen sind Images folglich mit Vorstellungen verbunden, die Unternehmensreputation dagegen mit klaren Erwartungen.

Eisenegger / Imhof (2009: 245-254) unterscheiden zwischen funktionaler, sozialer und expressiver Reputation. Während sich die funktionale Reputation eines Unternehmens daran orientiert, wie gut auf Basis sachlogisch überprüfbarer Kriterien der Organisationszweck erfüllt wird, bewertet die Sozialreputation die Legitimität und Integrität eines Unternehmens innerhalb gesellschaftlicher Normen. Die expressive Reputation schließlich bezieht sich auf die emotionale Attraktivität sowie die Authentizität des Unternehmens. Anders als das Image, das sich durch Kommunikationskampagnen kurzfristig verändern lässt, entsteht Reputation, verstanden als „Ruf der Vertrauenswürdigkeit" (Eisenegger 2005: 29), über einen langen Zeitraum durch das glaubwürdige und widerspruchsfreie Verhalten eines Unternehmens (vgl. Mast 2013: 50).

In Organisationen sind folglich Image und Reputation Ausgangspunkt und Ziel des Kommunikationsmanagements bestehend aus Analyse, Planung, Realisierung und Kontrolle. Im Rahmen der Imagebildung findet eine intuitive, emotional aufgeladene Merkmalszuschreibung statt, die durch Storytelling in besonderem Maße beeinflusst werden kann, da Geschichten unbewusst wirken und Gefühle ansprechen. Auf diesen Mechanismus fokussiert der vorliegende Beitrag. An dieser Stelle zeigt sich allerdings auch die Relevanz des Reputationsbegriffs. Narrativ aufbereitete Unternehmenskommunikation zahlt insbesondere auf die expressive Reputationsdimension ein, indem sie die Attraktivität des Unternehmens untermauert. Um glaubwürdig zu sein, muss sie aber auch funktionale und soziale Kriterien erfüllen und somit Ansprüchen im Zusammenhang mit Zahlen, Daten und Fakten sowie der gesellschaftlichen Verantwortung des Unternehmens standhalten.

Einsatz von Storytelling im Imagebildungsprozess

Um die Funktionsweise von Storytelling zu erklären, liefern die Neurowissenschaften, die Psychologie und Kulturwissenschaften wichtige Erkenntnisse. Es zeigt sich, dass die Wirkung von Storytelling auf der spezifischen Funktion von Geschichten im Gehirn und der Psyche des Menschen beruhen. Sie stiften Sinn und sprechen Gefühle an, bieten Unterhaltung und die Möglichkeit zur Identifikation. Außerdem helfen sie, Komplexität zu reduzieren und zeigen Handlungsoptionen auf.

Bruner (1991: 4) beschreibt, dass das Gehirn Wirklichkeit in Geschichten konstruiert. Folglich nehmen die Bezugsgruppen eines Unternehmens Botschaften besser auf, die narrativ aufbereitet sind. Storytelling vermittelt den Sinn organisatorischen Handelns und liefert wichtige Kontextinformationen. Es dient somit als „Framing-Ansatz" (Mast 2013: 58ff), weil es einen Interpretationsrahmen bereit stellt, der für die Imagebildung genutzt werden kann. Doch Geschichten bieten auch Spielraum für alternative Interpretationen und können so eine andere Wirkung als geplant erzielen.

Dass Geschichten Emotionen ansprechen, ist für die narrative Kommunikation ein wesentlicher Vorteil, denn Gefühle beeinflussen die Entscheidungsfindung des Menschen. Häusel (2012: 75ff) betont, dass die neurobiologischen Motiv- und Emotionssysteme Balance, Dominanz und Stimulanz den Bewertungs-, Verhaltens- und Zielrahmen für Entscheidungen vorgeben. Folglich kann Storytelling durch den gezielten Einsatz von Geschichten die Gefühlswelt der Bezugsgruppen ansprechen und mit dem Vorstellungsbild des Unternehmens koppeln.

Außerdem greifen Geschichten auf kollektive Interpretationen zurück und verdichten ihre Inhalte auf ein Muster. Szyszka (2008a: 620) weist darauf hin, dass Storytelling auf diese Weise den Umgang mit Komplexität erleichtert. Denn ein reduziertes Informationsgerüst ermöglicht es den Bezugsgruppen, Zusammenhänge zu konstruieren, zu rekonstruieren und somit zu verstehen. Über diesen Wirkmechanismus trägt Storytelling dazu bei, dass Vertrauen zu einem Unternehmen aufgebaut und gestärkt wird. Unter Berücksichtigung der spezifischen

Erfahrungen der Bezugsgruppen lässt sich so auch gezieltes Erwartungsmanagement betreiben (vgl. Herbst 2011: 72).

Abbildung 6: Wirkmechanismen von Geschichten, eigene Darstellung

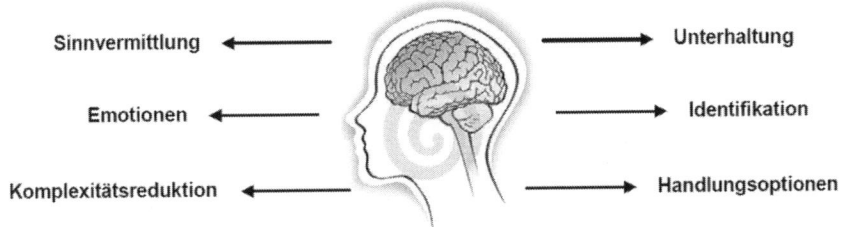

Gemäß der Definition von Hillmann (2011: 63f) muss für den Einsatz von Storytelling in der Organisationskommunikation nicht nur den Wirkmechanismen Rechnung getragen werden, sondern auch der strategischen Planung:

> Storytelling ist eine Methode, die systematisch geplant und langfristig ausgelegt Fakten über ein Unternehmen in Form von authentischen, emotionalen Geschichten vermittelt, die bei den wichtigen internen und externen Bezugsgruppen nachhaltig in positiver Erinnerung bleiben.

Mast (2013: 56) weist darauf hin, dass narrative Kommunikation bei der Festlegung der übergeordneten Strategie eine zentrale Rolle spielt sowie auf Maßnahmen und Instrumente herunter gebrochen werden kann.

Generell sind nach Szyszka (2008a: 620f) zwei Arten von Geschichten zu unterscheiden. Geschichten, in denen Organisationen vorkommen, entstehen in der öffentlichen Diskussion und behandeln ein bestimmtes Thema, in dessen Rahmen dem Unternehmen eine bestimmte Funktion zugewiesen wird. In Geschichten über Organisationen dagegen steht das Unternehmen im Mittelpunkt. An dieser Stelle setzt strategisches Storytelling an und entwickelt eine organisatorische Basiserzählung, die sogenannte *Core-Story.* Im Regelfall bezieht diese sich auf die Entstehungs- oder Gründungsgeschichte des Unternehmens und vermittelt sowohl die Identität als auch das Unternehmensziel, das in der Zukunft angestrebt wird (vgl. Mast 2013: 59).

Herbst (2011: 84-90) beschreibt drei Bestandteile der Core-Story. Sie beinhaltet zunächst das übergeordnete Belohnungsversprechen. Es gibt Antwort darauf, was die Bezugs-gruppen von einem Unternehmen erwarten können und welches Gefühl bei einer Entscheidung für seine Leistungen ausgelöst wird. Darüber hinaus verdeutlicht die Core-Story die Erfolgsfaktoren, die zur Erfüllung des Belohnungsversprechens beitragen, etwa Mitarbeiterinnen bzw. Mitarbeiter, ein spezifisches Know-how oder ein besonderes Netzwerk. Schließlich legt die Core-Story die Haltung fest, aus der heraus das Unternehmen mit seinen Bezugsgruppen kommuniziert, zum Beispiel als kritischer oder fürsorglicher Experte oder als kreativer, spielerisch veranlagter Freund.

Abbildung 7:   Elemente der Core-Story, eigene Darstellung

Aus der Core-Story werden alle weiteren Geschichten für die interne und externe Unternehmenskommunikation abgeleitet. Für eine gute Geschichte müssen die handelnden Personen, die Handlung sowie der Konflikt und die zentrale Botschaft definiert und in einen kausal-logischen, spannenden Ablauf gestellt werden. Die handelnden Personen treiben die Handlung voran und wirken als Identifikationsfiguren. Die Akteure sind stets Mitarbeiterinnen bzw. Mitarbeiter aus dem Unternehmen oder Menschen aus dessen direktem Umfeld. Sie nehmen je nach Funktion eine spezifische Rolle ein (vgl. Littek 2011: 148-152).

Tabelle 7: Rollen, Funktionen und Beispiele handelnder Personen, eigene Darstellung in Anlehnung an Littek

Protagonistinnen / Protagonisten		Antagonistinnen / Antagonisten	
Erwecken • Sympathie • Neugier • Interesse		Erwecken • Ablehnung • Hass • Mitleid	
Archetypen	**Handelnde Person(en)**	**Archetypen**	**Handelnde Person(en)**
Held / Heldin	Vorstand Führungskraft	*Gestaltwandlerin / Gestaltwandler*	Politikerin / Politiker
Mentor/ Mentorin	Ehemaliger Vorstand Mitarbeitende in Rente	*Schatten*	Wettbewerber / Wettbewerberin
Schwellenhüterin / Schwellenhüter	Produktentwickler / Produktentwicklerin Forscherin / Forscher	*Trickster*	Dienstleister / Dienstleisterin
Herold	Partnerin / Partner Assistentin / Assistent Beraterin / Berater Vertriebsmitarbeitende		

Herbst (2011: 95f) betont, dass sich insbesondere Führungskräfte für die Rolle als Heldin bzw. Held eignen. Sie erzeugen Aufmerksamkeit und tragen dazu bei, dass Unternehmen sich klar vom Wettbewerb differenzieren. Hier besteht eine wichtige Verbindung zu Image und Reputation eines Unternehmens, wie die Kommunikationsagentur Weber Shandwick (2012: 2) in der Studie „CEO Spotlight" aufzeigt. Demnach knüpft knapp die Hälfte der befragten Personen das Image eines Unternehmens und seiner Produkte an die Reputation der geschäftsführenden Person.

Die Handlung einer Geschichte besteht laut Frenzel et al. (2006: 76) ganz allgemein aus Ausgangs- und Endsituation, die sich voneinander unterscheiden, weil sich dazwischen ein Transformationsprozess vollzieht. Eine konkretere Möglichkeit, die Handlung zu bestimmen, bietet der Monomythos. Er beschreibt den Ablauf der Handlung als Heldenreise. Diese besteht aus Aufbruch, Initiation und Rückkehr und kann weiter untergliedert werden (vgl. Campbell 2011: 42f). Seinem Namen entsprechend teilt das Drei-Akt-Modell die Handlung in drei Teile ein. Während sich im ersten Akt die Exposition entfaltet, konzentriert sich der zweite Akt auf die Konfrontation und der dritte Akt bringt schließlich die Auflösung (vgl. Littek 2011: 132f). Loebbert (2003: 22f) macht darauf aufmerksam, dass die einzelnen narrativen Sequenzen über einen Spannungsbogen verbunden werden müssen.

Abbildung 8:   Handlung einer Geschichte, eigene Darstellung

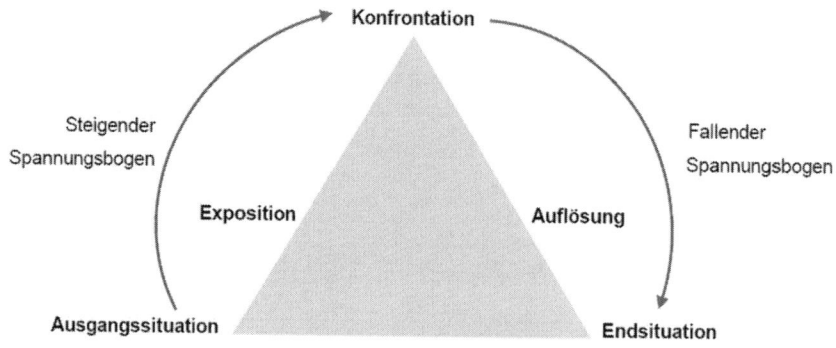

Die Handlung wird wesentlich durch die Strukturelemente Konflikt und Botschaft geprägt. Während der Konflikt das zentrale Element ist, das den Spannungsbogen steigen und fallen lässt, verdichtet die Botschaft die Veränderung zwischen Ausgangs- und Endsituation.

Damit narrative Kommunikation ihre Wirkung entfalten und einen Beitrag zu Aufbau und Pflege des Unternehmensimages leisten kann, bedarf es einer Sprache, die Zusammenhänge zwischen Fakten, Emotionen, Rahmenbedingungen, Einstellungen und Handlungsweisen herstellt und Sprachbilder verwendet. Gerade in Wirtschaftsunternehmen sind die zu vermittelnden Inhalte meist sehr komplex und schwer nachvollziehbar. Hinzu kommt, dass oftmals Fach- und Managementbegriffe auch gegenüber den Bezugsgruppen Verwendung finden, die diese nicht verstehen (vgl. Herbst 2011: 103f). Hier kann eine narrative Sprache unterstützen. Sie zielt darauf ab, Ereignisse durch Beispiele zu verdeutlichen, Emotionen zu evozieren und Handlungsweisen zu erklären.

Dabei ist wichtig, in einen aufrichtigen, glaubwürdigen und authentischen Dialog einzutreten. „Show, don't tell" lautet in diesem Zusammenhang ein wichtiges Prinzip, denn die Bezugsgruppen empfinden besonders positive, aber gleichzeitig schwer überprüfbare Unternehmensgeschichten als weniger glaubhaft. Insbesondere in der Rolle als Kundin bzw. Kunde entwickeln Menschen im Laufe der Zeit ein sogenanntes Beeinflussungswissen und können Manipulation leicht erkennen. Wie Wentzel et al. (2011: 434f) skizzieren, setzt in der Folge Reaktanz ein. Das Unternehmen wird als unglaubwürdig abgespeichert und dies wird unter Umständen auch so weitergegeben.

Die Einsatzmöglichkeiten narrativer Kommunikation im Imagebildungsprozess sind vielfältig. So tragen Geschichten dazu bei, sich über die eigene Identität bewusst zu werden. Unternehmen können zum Beispiel die eigene Autobiografie festhalten (vgl. Vendeloe 1998: 129), sich zu ihrem Umfeld in Bezug setzen und vom Wettbewerb abgrenzen. Außerdem lassen sich laut Thier (2010: 31f) anhand von Erzählungen der MitarbeiterInnen Werte und Einstellungen rekonstruieren. Ein weiterer Einsatzbereich ergibt sich aus dem immer unsicherer werdenden Umfeld. Loebbert (2003: 139-143) zufolge dienen Entwicklungsgeschichten bei steigender Komplexität der Umfeldfaktoren der Vermittlung von Zukunftsvisionen. Sie betten strategische Entscheidungen in einen Handlungszusammenhang, der Ursache und Wirkung erklärt und sinnvolle Szenarien für die Zukunft aufzeigt.

Im Rahmen der Markenkommunikation, die das vom Unternehmen angestrebte Image stützen soll, dienen Geschichten als Differenzierungswerkzeuge, (vgl. Gutjahr 2011: 151-156), erschaffen Gefühlswelten und können die Marke zum Leben erwecken. Nach Herskovitz / Crystal (2010: 22-26) wird die Marke durch Geschichten zur Rebellin bzw. zum Rebellen, zur Vaterfigur oder zum Champion. Auf diese Weise bilden Konsumentinnen bzw. Konsumenten eine familiäre Beziehung zur Marke aus.

Das für den Aufbau und die Pflege von Image und Reputation notwendige Vertrauen bei den Bezugsgruppen kann ein Unternehmen Denning (2011: 91–93) zufolge alleine dadurch gewinnen, indem es sich vorstellt. Nutzt es dafür den Rahmen einer Geschichte, stärkt dies die Glaubwürdigkeit. Denn statt Behauptungen aufzustellen, bieten Erzählungen die Möglichkeit, Hintergründe, Ursachen und Entwicklungen aufzuzeigen, die Anhaltspunkte dafür liefern, wie das Unternehmen sich künftig verhalten wird. Dies ist besonders wichtig, wenn die Bezugsgruppen noch keine Erfahrungswerte über ein Unternehmen haben. In dieser Situation können vor allem junge Unternehmen von Storytelling profitieren (vgl. Vendeloe 1998: 121-134). Über Geschichten formen sie das Bild, das bei den Bezugsgruppen entsteht, indem sie sich auf zukunftsgerichtete Leistungen und Qualitätsversprechen beziehen. Darin besteht allerdings gleichzeitig ein Risiko für den Vertrauensbildungsprozess. Denn ob die Bezugsgruppen dauerhaft Vertrauen schenken und in Produkte investieren, hängt davon ab, ob ihre Erwartungen erfüllt werden.

Auch van Riel / Fombrun (2010: 131f) legen dar, dass Unternehmensgeschichten zu einer starken Reputation beitragen. Eine Reputationsplattform erfasst unter anderem, wie sich das Unternehmen im Rahmen von Geschichten für interne und externe Bezugsgruppen präsentiert. Dabei werden Reputationstreiber wie gut ausgebildete Mitarbeitende, Glaubwürdigkeit und verlässliche Produkte als Ausgangsbasis für Geschichten genutzt, die wiederum auf diese Kriterien einzahlen.

Zusammenfassend bedeutet Storytelling, Informationen über ein Unternehmen systematisch geplant und langfristig ausgelegt in Form einer organisatorischen Basiserzählung sowie authentischer, emotionaler Geschichten zu verbreiten. Das Ziel ist, die spezifische Unternehmensidentität sowie die Hintergründe unternehmerischen Handelns zu vermitteln. Außerdem dienen Geschichten als Differenzierungswerkzeuge, erschaffen Gefühlswelten und helfen, dass Konsumentinnen bzw. Konsumenten eine familiäre Beziehung zur Marke aufbauen. Auf diese Weise kann ein Unternehmen über Storytelling das Bild formen, das bei den Bezugsgruppen entstehen soll und Vertrauen aufbauen.

Besonderheiten in der Finanzbranche

Die Kriterien, die Finanzdienstleistungsunternehmen in Deutschland in der Kommunikation beachten müssen, sind umfassend. Erstens müssen Banken, Versicherer und Asset Manager komplexe Finanzprodukte erklären und vermitteln, deren besonderes Merkmal ihre Immaterialität ist. Wie alle Dienstleistungen erhalten sie ihre Form erst in der Interaktion mit der Kundschaft und befriedigen laut Niederhäuser/Rosenberger (2011: 68) indirekt und mit zeitlicher Verzögerung die menschlichen Bedürfnisse. Zudem lässt sich die Qualität von Finanzprodukten nicht aus ihrer vergangenen Wertentwicklung ablesen (vgl. Vendeloe 1998: 120f). Entsprechend wichtig ist der gute Ruf des Anbieters. Denn Reputation fungiert in diesem Fall als Signal für die Produktqualität, und die Weiterempfehlung über Dritte ersetzt den aufwändigen Informationsprozess der Bezugsgruppen.

Ein zweiter Faktor ist die Erwartungshaltung der Kundschaft an Produkte, Service- und Leistungsspektrum. Obwohl die meisten Menschen von Finanzprodukten Gebrauch machen, sind das Wissen darüber und die daran geknüpften Anforderungen sehr unterschiedlich. Dem Markt- und Organisationsforschungsinstitut YouGov (2006: 3-6) zufolge lässt sich die Bankkundschaft auf Basis verschiedener Fragestellungen in Kategorien einordnen. Während die unabhängige Kundin bzw. der unabhängige Kunde die Renditeoptimierung zum Ziel haben, über eine besonders hohe Kompetenz in Finanzfragen verfügen und vornehmlich auf Kostenvorteile achten, ist der zugeknöpfte Kundentypus weniger kompetent, nutzt jedoch unabhängige Quellen wie das Internet, um sich zu informieren. Dagegen erwartet der fordernde Typus besondere Leistungen und ein hohes Maß an Fachkompetenz sowie Servicequalität von seiner Bank. Die treue Kundin bzw. der treue Kunde zeichnen sich dadurch aus, dass sie konservative, sichere Anlagen bevorzugen und sich stark an der Beratungsempfehlung orientieren. Merkmale des eingeschränkten Kundentypus sind schließlich, dass sie bzw. er über ein geringes Einkommen und damit auch nur wenig Spielraum für die Geldanlage verfügen. Entsprechend gering ist das Interesse an Finanzangelegenheiten.

Eine dritte Herausforderung stellen die krisenbehafteten Erscheinungen seit 2007 dar, die tiefgreifende Veränderungen für die Finanzdienstleistungsunternehmen mitbringen. Neben schwankenden Kapitalmärkten, niedrigen Zinsen und zunehmenden Regulierungsmaßnahmen der nationalen und europäischen Gesetzgebungsinstanzen ist das Misstrauen, das die verschiedenen Bezugsgruppen der Branche entgegenbringen, ein kritischer Faktor.

Vor diesem Hintergrund ist die Unternehmenskommunikation mehr gefragt denn je. Eine glaubwürdige Darstellung des Unternehmens, die Image und Reputation stärkt und langfristig das Vertrauen und die Unterstützungspotenziale der Bezugsgruppen sichert, ist erfolgsentscheidend. Dabei zeichnet sich ab, dass verständliche Informationsunterlagen eine wichtige Grundlage sind (vgl. Bürker / Bergter 2011: 40f). Darüber hinaus erhöhen auch andere Faktoren die Zufriedenheit und das Vertrauen der Bezugsgruppen, wie Schranz (2007: 95f) darlegt, insbesondere die verantwortungsvolle Haltung, die ein Unternehmen über seine Mitarbeitenden transportiert.

Ist die Konsistenz von unternehmerischem Handeln und kommunikativen Botschaften gegeben, sind narrative Ansätze, etwa eine stärkere Personalisierung und Fokussierung auf Führungskräfte und Mitarbeiterschaft, eine gute Methode, um Unternehmensimage und Unternehmensreputation zu unterstützen (vgl. Bürker / Bergter 2011: 42).

Haupt / Eberhardt (2010: 38f) beschreiben außerdem die Erfordernis für Finanzdienstleistungsunternehmen, unternehmerisches Handeln verständlich zu machen, Informationsunterschiede zu beseitigen, belastbare Daten zu kommunizieren und Botschaften authentisch zu übermitteln. Mit dem Zusammenhang von

Informationen aus der Finanzwelt und deren Einbindung in eine Erzählstruktur befasst sich Czarniawska (2012: 756f). Werden Finanzinformationen narrativ aufbereitet, finden die Bezugsgruppen einen einfacheren Zugang und Finanzthemen werden auch in Alltagsunterhaltungen diskutiert.

Wie schon erwähnt, müssen Finanzdienstleister komplexe, immaterielle Produkte in der Kommunikation vermitteln . Dabei bewegen sich insbesondere die Kenntnisse über Geldangelegenheiten bei den Bezugsgruppen auf einem unterschiedlichen Niveau. Ein weiteres Problem stellen die krisenbehafteten Erscheinungen seit 2007 dar, die tiefgreifende Veränderungen für die Finanzdienstleistungsunternehmen mitbringen. Verständliche Informationsunterlagen, konsistente Kommunikationsmaßnahmen und insbesondere eine verantwortungsvolle Haltung des Unternehmens gegenüber den MitarbeiterInnen und anderen Bezugsgruppen sind die Voraussetzungen, damit narrative Ansätze, etwa eine stärkere Personalisierung und Fokussierung auf Führungskräfte und Mitarbeiterschaft, Unternehmensimage und Unternehmensreputation zu unterstützen können.

Methodisches Vorgehen

Um die Potenziale von Storytelling für die Imagebildung deutscher Finanzdienstleistungsunternehmen nicht nur theoretisch herzuleiten, sondern diese Erkenntnisse auch empirisch zu überprüfen und zu ergänzen, wurde eine umfassende empirische Untersuchung durchgeführt. Diese fußt auf einer explorativen Dokumentenanalyse sowie darauf aufbauenden offenen, leitfadenorientierten Interviews mit Expertinnen bzw. Experten.

Die Dokumentenanalyse hatte das Ziel, den aktuellen Einsatz und das Ausmaß von Storytelling in der Praxis zu ermitteln. Zu diesem Zweck wurden sieben ausgewählte Geschäftsberichte deutscher Finanzdienstleistungsunternehmen aus dem Berichtszeitraum des Jahres 2011 untersucht.

Tabelle 8: Materialstichprobe für die Dokumentenanalyse von
Geschäftsberichten, eigene Darstellung

Branchensektor	Akteur	Auszeichnung
Banken	Commerzbank	vom Manager Magazin prämiert
	Deutsche Bank	
	DZ Bank	
	ING-DiBa	
Versicherer	R + V Versicherung AG	
Asset Manager	DekaBank	
	Union Investment	von LACP Vision Awards prämiert

Für die Analyse von Geschäftsberichten sprach, dass sie neben dem Finanzteil
immer öfter auch einen Imageteil aufweisen, also explizit für den Imagebildungsprozess des Unternehmens genutzt werden. Innerhalb des Imageteils wurden redaktionelle Beiträge berücksichtigt und anhand der Kategorien „Handelnde
Personen" und „Handlung" nach vorab definierten Kriterien bewertet.

Tabelle 9: Kategoriensystem zum Nachweis von Storytelling in Geschäftsberichten, eigene Darstellung

Variable	Code	Definition
V1 Handelnde Personen	C1 Protagonist / Protagonistin	Eine oder mehrere Personen, die im Mittelpunkt stehen und die Handlung vorantreiben. Sie erwecken Sympathie, Neugier und Interesse. Sie müssen namentlich genannt werden.
	C2 Antagonist / Antagonistin	Eine oder mehrere Personen, die dem Protagonisten / der Protagonistin entgegenwirken und Ablehnung, Mitleid oder Hass erzeugen. Sie müssen namentlich genannt werden.
	C3 Archetyp	Protagonist / Protagonistin oder Antagonist / Antagonistin, der / die sich einem Archetyp wie Held / Heldin, Mentor / Mentorin, Schwellenhüter / -hüterin, Herold / Heroldin, Gestaltwandler / -wandlerin, Schatten oder Trickster zuordnen lässt.
V2 Handlung	C1 Klarer Aufbau	Die Handlung hat einen klaren Aufbau, der aus mindestens Einleitung, Hauptteil und Schluss besteht. Der Hauptteil muss über einen Höhepunkt verfügen.
	C2 Dramaturgie	Die Handlung verfügt über Elemente, die Spannung erzeugen.
	C3 Konflikt	Die Handlung weist einen Konflikt auf, der sich dadurch auszeichnet, dass gegensätzliche Kräfte zusammentreffen und die Wünsche des Protagonisten / der Protagonistin auf einen Widerspruch stoßen.
	C4 Botschaft	Die Handlung weist eine klare Botschaft auf, die eine Belohnung für den Protagonisten / die Protagonistin darstellt und die Relevanz für die Bezugsgruppen verdeutlicht.

Ein Punktesystem ermöglichte es, die Geschäftsberichte messbar und vergleichbar zu machen.

Tabelle 10: Analyseschema zur Bewertung von Storytelling in Geschäftsberichten, eigene Darstellung

Subkategorie	Definition	Punktevergabe
Protagonist / Protagonistin	Namentliche Erwähnung und klar Erkennbar, dass es sich um den Protagonist / die Protagonistin handelt.	10 Punkte
	Namentliche Erwähnung, aber schwer erkennbar, wer Protagonist / Protagonistin ist.	5 Punkte
	Keine namentliche Erwähnung	0 Punkte
Antagonist / Antagonistin	Namentliche Erwähnung und klar Erkennbar, dass es sich um den Antagonist / die Antagonistin handelt.	10 Punkte
	Keine namentliche Erwähnung	0 Punkte
Archetyp	Alle namentlich erwähnten Protagonisten / Protagonistinnen und Antagonisten / Antagonistinnen können einem Archetyp wie Held, Mentor, Schwellenhüter, Herold, Gestaltwandler, Schatten oder Trickster zugeordnet werden.	10 Punkte
	Einer oder mehrere namentlich erwähnten Protagonisten / Protagonistinnen und Antagonisten / Antagonistinnen können einem Archetyp wie Held, Mentor, Schwellenhüter, Herold, Gestaltwandler, Schatten oder Trickster zugeordnet werden.	5 Punkte
	Keine Zuordnung	0 Punkte
Klarer Aufbau	Es liegt ein Transformationsprozess zwischen Anfang und Ende vor oder ein Höhepunkt ist klar ersichtlich.	10 Punkte
	Klarer Aufbau aus mindestens Einleitung, Hauptteil und Schluss	5 Punkte
	Aufbau unklar / schwer erkennbar oder reine Aneinanderreihung von Fakten	0 Punkte
Dramaturgie	Die Handlung verfügt über Elemente, die Spannung erzeugen.	10 Punkte
	Keine spannungserzeugenden Elemente vorhanden.	0 Punkte
Konflikt	Die Handlung weist einen Konflikt auf, der sich dadurch auszeichnet, dass gegensätzliche Kräfte zusammentreffen und die Wünsche des Protagonisten / der Protagonistin auf einen Widerspruch stoßen.	10 Punkte

	Die Handlung weist einen Konflikt auf, der sich auf die Branche/das Umfeld bezieht.	5 Punkte
	Die Handlung weist keinen Konflikt auf.	0 Punkte
Botschaft	Die Handlung weist eine klare Botschaft auf, die eine Belohnung für den Protagonist / die Protagonistin darstellt.	10 Punkte
	Die Handlung weist eine klare Botschaft auf, die die Relevanz für die Bezugsgruppen verdeutlicht.	5 Punkte
	Die Handlung weist keine Botschaft auf.	0 Punkte

Die Ergebnisse wurden bei den nichtstandardisierten Leitfadeninterviews mit neun Expertinnen bzw. Experten berücksichtigt. Für die Gespräche wurden Repräsentantinnen bzw. Repräsentanten aus Unternehmen und Agenturen berücksichtigt, die Geschäftsberichte verantworten oder betreuen, in denen sich der Einsatz von Storytelling nachweisen ließ.

Tabelle 11: Übersicht ExpertInnen-Auswahl für Interviews, eigene Darstellung

Gruppe	Funktion	Berufserfahrung	Expertin / Experte
Unternehmen	Leiter Unternehmenskommunikation	24 Jahre	E1
Agentur	Kommunikationsberaterin	13 Jahre	E2
Unternehmen	Leiter Interne Kommunikation und Medien	34 Jahre	E3
Agentur	Geschäftsführender Gesellschafter	26 Jahre	E4
Unternehmen	Leiter Unternehmenskommunikation	22 Jahre	E5
Agentur	Kommunikationsberaterin und Texterin	13 Jahre	E6
Agentur	Geschäftsleiter	22 Jahre	E7
Agentur	Geschäftsführender Partner	20 Jahre	E8
Agentur	Director	19 Jahre	E9

Im Mittelpunkt der Gespräche standen Fragen, die das Verständnis von Storytelling der befragten Personen betrafen, weiters Fragen nach der Bedeutung, die

Storytelling in der Praxis zugeschrieben und wie bzw. mit welchem Ziel Storytelling in der Unternehmenskommunikation betrieben wird. Außerdem wurden die Potenziale sowie perspektivisch die Entwicklungsmöglichkeiten erfragt. Dabei wurden Chancen und Risiken für den Einsatz von Storytelling ebenso berücksichtigt wie die strategische Bedeutung und Unterstützung auf Managementebene.

Forschungsergebnisse im Überblick

Einsatz von Storytelling

Die Dokumentenanalyse zeigte, dass die beforschten Finanzdienstleistungsunternehmen Storytelling zwar einsetzen, das Potenzial allerdings nur zu durchschnittlich knapp 30 Prozent ausschöpfen. Der Einsatz von Mitarbeitenden oder Kundinnen bzw. Kunden als handelnde Personen in Geschichten und damit eine stärkere Personalisierung in der Kommunikation hat sich inzwischen durchgesetzt. Darüber hinaus macht sich die Tendenz bemerkbar, mit Kernbotschaften zu arbeiten und den veränderten Rahmenbedingungen sowie dem Imageverlust in der Finanzdienstleistungsbranche insofern Rechnung zu tragen, als dass Konflikte, die das Umfeld betreffen, thematisiert werden. Insgesamt allerdings sind vier von sieben untersuchten Storytelling-Elementen schwach bis gar nicht ausgeprägt. Die Personalisierung ist vorhanden, wird aber nicht dahingehend vorangetrieben, dass den Protagonistinnen bzw. Protagonisten klare Rollen zugeschrieben werden. Außerdem findet oft nur eine reine Aneinanderreihung von Fakten statt, spannungserzeugende Elemente werden nicht eingesetzt.

Tabelle 12: Ausprägung der einzelnen Storytelling-Elemente in
Geschäftsberichten, eigene Darstellung

Subkategorie	Ergebnisse (jeweils 3 ausge-wertete Texte)	Max. erreichbare Punktzahl	Erreichungsgrad in Prozent
ProtagonistIn	145	210	69 %
AntagonistIn	0	210	0 %
Archetyp	15	210	7 %
Klarer Aufbau	40	210	24 %
Dramaturgie	20	210	10 %
Konflikt	70	210	50 %
Botschaft	145	210	69 %
Gesamt in Punkten	**435**	**1.470**	
Gesamtdurchschnitt in Prozent			**29,59 %**

Wissen über Storytelling

In den Gesprächen stellte sich heraus, dass narrative Kommunikation kein neues
Thema für die befragten ExpertInnen war. Durchschnittlich beschäftigten sie sich
seit rund acht Jahren mit narrativer Kommunikation. Einige Befragte sprechen
von einem Modethema, das allerdings „einen sehr positiven Spin" (E4) hat. Dies
führt dazu, dass die Wissensaneignung zwar auch über Fachliteratur stattfindet,
oft allerdings nur über eine reine Wettbewerbsbeobachtung und folglich ohne
theoretische Fundierung. E4 hat sich als einzige befragte Person in einem wissenschaftlichen Kontext mit dem Thema auseinandergesetzt. Entsprechend definierten die befragten Personen Storytelling unterschiedlich. Zwar haben die Expertinnen bzw. Experten mehrheitlich die Anschlussfähigkeit der gesendeten
Botschaften für die Bezugsgruppen im Blick. So bedeutet Storytelling für E2,
„[eine] Botschaft [...] so [zu] verpacke[n], dass ich dem Zuhörer [...] Anknüp-
fungspunkte gebe, wie er meine Botschaften auch in seinen Alltag transferieren
kann". Dennoch herrscht ein vorwiegend senderorientiertes Verständnis vor.
Storytelling dient dazu, „[...] über die Geschichten an sich Haltungen, Werte und

80

Einstellungen zu transportieren [...]", wie E5 beschreibt. Handwerkliche Kriterien bleiben bei der Begriffsbestimmung weitestgehend unberücksichtigt.

Bedeutung von Storytelling in der Kommunikation

Die Bedeutung von Storytelling in der Kommunikation wird nach Angaben der Expertinnen bzw. Experten in Zukunft steigen. So bezeichnet E5 Storytelling als das „Wachstumsfeld schlechthin". Als Grund hierfür wird mehrheitlich die Orientierungsfunktion von Storytelling in einem von Informationsüberlastung geprägten Umfeld gesehen. Eine große Herausforderung besteht für Finanzdienstleistungsunternehmen in der Faktenlastigkeit und mangelnden Emotionalität, die in der Kommunikation der Branche bislang vorherrschen. E1 erklärt: „Die Finanzbranche hat per se eine sehr kopfgesteuerte, zahlenorientierte Kommunikation, und emotionale Qualitäten oder menschliche Faktoren haben bislang kaum eine Rolle gespielt." Die Angst vor einer unangemessenen erzählerischen Aufbereitung von Informationen rund um Finanzprodukte ist groß. Darüber hinaus begrenzen gesetzliche Vorgaben den Einsatz narrativer Formate. Das „Kleingedruckte", das mitgeliefert werden müsse, mache es schwer, „[...] ein etwas lockeres Storytelling zu betreiben [...]", erläutert dementsprechend E8.

Nutzung und Zielsetzung von Storytelling

Aufgrund vielfältiger Einsatzmöglichkeiten wird Storytelling als zweckdienlich für den Aufbau und die Pflege von Image, Marke und Reputation wahrgenommen. Befragt nach den Kanälen und Instrumenten nennen die Befragten alle möglichen Einsatzfelder, von Unternehmensmagazinen und Pressematerialien über Imagepublikationen und Live-Kommunikation bis hin zu den Bereichen Internet, Intranet und Social Media sowie Marketing und Werbung. Klar ist allerdings, dass schöne Geschichten alleine nicht ausreichen. Stattdessen sind die Konsistenz in den Botschaften sowie die Dialogbereitschaft wichtige Voraussetzungen. Damit Storytelling in der Kommunikationspraxis erfolgreich zur Anwendung kommt, muss nach Ansicht der Expertinnen bzw. Experten ein Umdenken stattfinden. Offenheit, Dialogfähigkeit, Selbstkritik sowie ein besseres Verständnis für eine integrierte Kommunikation sind Forderungen, die gestellt werden. Dazu gehören „kritische Zwischentöne" (E9), Geschichten von „gefallenen Helden" (E7) oder ein „Konflikt" (E4). In diesem Zusammenhang fordert E5: „Es muss bei den Verantwortlichen ein Verständnis dafür da sein, dass das plumpe Senden von Marketingbotschaften heutzutage nicht mehr ausreicht."

Identitätsfindung und die Differenzierung vom Wettbewerb über eine klare Positionierung sind die größten Chancen, die Storytelling zugeschrieben werden. Als Risiken dagegen klassifizieren die Expertinnen bzw. Experten den Glaubwürdigkeitsverlust, der durch das Nichteinlösen des in der Geschichte gegebenen Versprechens entsteht, sowie handwerkliche Fehler, die durch eine mangelnde Kongruenz zwischen Geschichte und Protagonistin bzw. Protagonist und dem Verhalten des Unternehmens entstehen. Eine prinzipielle Gefahr ist immer auch der Interpretationsspielraum, der Geschichten grundsätzlich charakterisiert.

Storytelling als Strategie

Im Planungsprozess der Unternehmenskommunikation hat Storytelling eine überwiegend strategische Funktion, woraus operative Maßnahmen abgeleitet werden. Das Bewusstsein über einen langfristigen Planungshorizont ist dabei ebenso vorhanden wie darüber, dass mit Storytelling eine Grundsatzentscheidung mit Blick auf die Positionierung des Unternehmens getroffen wird. Parallel dazu sieht der Großteil der Befragten einen direkten Zusammenhang zwischen Storytelling und der Unterstützung des Managements. Der Erfolg von Storytelling ist direkt an die entsprechenden Protagonistinnen bzw. Protagonisten geknüpft. Dabei muss das Management prinzipiell ein gutes Verständnis für den Stellenwert der Kommunikation sowie ein Vertrauensverhältnis zu den Kommunikationsverantwortlichen haben. Außerdem muss es die Geschichte mit Überzeugung vertreten. E2 betont: „[D]as ist ein Prozess, der ein relativ großes gegenseitiges Vertrauen erfordert. [...] Und das muss ein Manager natürlich zulassen. Und das erfordert auf seiner Seite [...] ein etwas besseres Verständnis für Kommunikation."

Fazit und Ausblick

Der vorliegende Beitrag setzte sich mit der Frage auseinander, welche Potenziale Storytelling für die Imagebildung deutscher Finanzdienstleistungsunternehmen bietet. Zu diesem Zweck wurden auf Basis der aktuellen wissenschaftlichen Diskussion der Einsatz von Storytelling in der Praxis, das zugrunde liegende Verständnis sowie die Bedeutung für die Kommunikation ermittelt. Außerdem wurde untersucht, mit welchem Ziel Storytelling betrieben wird und wo Potenziale und Entwicklungsmöglichkeiten liegen.

Es zeigte sich, dass Finanzdienstleistungsunternehmen Storytelling in ihren Imagepublikationen bereits einsetzen. Insbesondere die stärkere Personalisierung sowie der Einsatz von Kernbotschaften haben sich durchgesetzt. Insgesamt besteht allerdings noch viel Potenzial in der Umsetzung der operativen Geschichten. Zwar steigt die Bedeutung von Storytelling in der Kommunikation, weil insbesondere die Erfordernis erkannt wird, den Bezugsgruppen Orientierung in einem kommunikativ überlasteten Umfeld zu bieten. Doch die Ablösung einer tatsachenfokussierten hin zu einer erzählerischen Aufbereitung von Inhalten scheitert bislang aus Vorsicht davor, Finanzprodukte auf unangemessene Weise zu inszenieren. Hinzu kommt, dass gesetzliche Vorgaben die Kommunikation beeinflussen.

Dennoch führen die vielfältigen Anwendungsmöglichkeiten dazu, dass Storytelling als zweckdienlich für den Aufbau und die Pflege von Unternehmensimage, Unternehmensmarke und Unternehmensreputation wahrgenommen wird. Dabei ist klar, dass es auf die Konsistenz von unternehmerischem Handeln und kommunikativen Botschaften sowie einen aufrichtigen Dialog mit den Bezugsgruppen ankommt. Dies setzt eine Kultur der Offenheit voraus.

Storytelling ist eine Methode, die ein Unternehmen im Identitätsfindungsprozess unterstützt und zur Differenzierung beiträgt. Allerdings lassen Geschichten immer auch alternative oder konträre Interpretationen zu und sind damit risikobehaftet. Sowohl die Chancen als auch die Risiken sprechen dafür, Storytelling als strategische Methode zu verstehen. Denn der Positionierungsprozess und die Minimierung der Gefahr, die von einer fehlerhaften Auslegung von Geschichten ausgeht, können nur greifen, wenn Storytelling langfristig und systematisch geplant wird. Dafür bedarf es der umfassenden Unterstützung des Managements.

Zusammenfassend ist Storytelling in der Finanzdienstleistungsbranche mit klaren Herausforderungen konfrontiert, allerdings wird die Bedeutung weiter steigen. Aus diesem Grund bietet es sich für weitere Forschungsvorhaben an, den Zusammenhang und die Entwicklungsmöglichkeiten von Storytelling in den Teildisziplinen interne Kommunikation, externe Kommunikation, Social Media oder Marketing und Vertrieb zu analysieren. Außerdem ist Content Marketing ein interessanter Begriff, dem bei einer näheren Untersuchung von Kommunikationsstrategien zur Absatzförderung nachgegangen werden kann. Denn Content Marketing stellt nicht das Unternehmen und seine Produkte in den Mittelpunkt, sondern setzt auf nützliche Informationen und clever aufbereitete Unterhaltung.

Weitere interessante Forschungsfelder mit Blick auf den Einsatz von Storytelling stellen Strategien zum Employer Branding oder zur CEO-Positionierung dar. Ein Aspekt, der tiefgreifender verfolgt werden kann, ist die Anschlussfähigkeit der Basisgeschichte an den Haupt-Storyteller, also den CEO.

Wie sich seine Positionierung bei internen und externen Bezugsgruppen durch Storytelling erfolgreich unterstützen lässt, könnte eine lohnenswerte Frage sein. Eine große Bedeutung kommt auch der Tendenz zur stärkeren Visualisierung in der Unternehmenskommunikation zu. Hier lässt sich zum Beispiel der Frage nachgehen, inwiefern sich die Wirkung von Texten mit Visual Storytelling verstärken lässt und inwieweit eine weitere Reduktion von Texten zugunsten von umfassenden Bildstrecken sinnvoll ist. Darüber hinaus besteht darin Bedarf, die Möglichkeiten von Storytelling im Rahmen einer crossmedialen Aufbereitung von Inhalten zu untersuchen.

Literatur

Bergler, R. (2008): Identität und Image, In: G. Bentele / R. Fröhlich / P. Szyszka (Hrsg.), Handbuch der Public Relations. Wissenschaftliche Grundlagen und berufliches Handeln, 2., korr. u. erw. Aufl., Wiesbaden: Verlag für Sozialwissenschaften, S. 321-334.

Birkigt, K. / M. M. Stadler / H. J. Funck (2002): Corporate Identity. Grundlagen, Funktionen, Fallbeispiele, 11., überarb. u. aktual. Aufl., München: Redline Wirtschaft.

Bruner, J. (1991): The Narrative Construction of Reality, in: Critical Inquiry, Jg. 18, Nr. 1, S. 1-22.

Bürker, M. / A. Bergter (2011): Kommunikation von Finanzdienstleistern. Nach der Krise ist vor der Krise, in: Bank und Markt, Nr. 3, S. 40-43.

Buß, E. (2007): Image und Reputation. Werttreiber für das Management, In: M. Piwinger / A. Zerfaß (Hrsg.), Handbuch Unternehmenskommunikation, Wiesbaden: Gabler, S. 227-244.

Campbell, J. (2011): Der Heros in tausend Gestalten, übers. v. K. Koehne, Berlin: Insel-Verlag.

Czarniawska, B. (2012): New Plots are Badly Needed in Finance: Accounting of the Financial Crisis of 2007-2010, In: Accounting, Auditing & Accountability Journal, Jg. 25, Nr. 5, S. 756-755.

Denning, S. (2011): The Leader's Guide to Storytelling, 2., überarb. u. aktual. Aufl., San Francisco: John Wiley & Sons.

Eisenegger, M. (2005): Reputation in der Mediengesellschaft. Konstitution, Issues Monitoring, Issues Management, Wiesbaden: Verlag für Sozialwissenschaften.

Eisenegger, M. / K. Imhof (2009): Funktionale, soziale und expressive Reputation – Grundzüge einer Reputationstheorie, In: U. Röttger (Hrsg.), Theorien der Public Relations. Grundlagen und Perspektiven der PR-Forschung, 2., aktual. u. erw. Aufl., Wiesbaden: Verlag für Sozialwissenschaften, S. 243-264.

Fombrun, C. (1996): Reputation. Realizing Value from the Corporate Image, Boston: Harvard Business Press.

Frenzel, K. / M. Müller / H. Sottong (2006): Storytelling. Das Praxisbuch, 5. Aufl., München: Carl Hanser Verlag.

Gutjahr, G. (2011): Branding by Storytelling, In: G. Gutjahr: Markenpsychologie. Wie Marken wirken, was Marken stark macht, Wiesbaden: Gabler, S. 151-156.

Haupt, R. / T. Eberhardt (2010): Das wichtigste Kapital der Banken, in: Die Bank, Nr. 5, S. 38-40.

Häusel, H.-G. (2012): Limbic®. Die Emotions- und Motivwelt im Gehirn des Kunden und Konsumenten kennen und treffen, In: H.-G. Häusel (Hrsg.), Neuromarketing. Erkenntnisse der Hirnforschung für Markenführung, Werbung und Verkauf, 2. Aufl., Freiburg: Haufe.

Herbst, D. (2011): Storytelling, 2., überarb. Aufl., Konstanz: UVK Verlagsgesellschaft.

Herger, N. (2006): Vertrauen und Organisationskommunikation. Identität, Marke, Image, Reputation, Wiesbaden: Verlag für Sozialwissenschaften.

Herskovitz, S. / M. Crystal (2010): The Essential Brand Persona. Storytelling and Branding, In: Journal of Business Strategy, Jg. 31, Nr. 3, S. 21-28.

Hillmann, M. (2011): Storytelling. Mit Geschichten Unternehmen gestalten, in: M. Hillmann: Unternehmenskommunikation kompakt, Wiesbaden: Gabler, S. 63-73.

Littek, F. (2011): Storytelling in der PR. Wie Sie die Macht der Geschichten für Ihre Pressearbeit nutzen, Wiesbaden: Springer.

Loebbert, M. (2003): Storymanagement. Der narrative Ansatz für Management und Beratung, Stuttgart: Klett-Cotta.

Mast, C. (2012): Agieren in einem Umfeld des Misstrauens. Umfrageergebnisse zur Euro-Berichterstattung, in: C. Mast (Hrsg.), Neuorientierung im Wirtschaftsjournalismus. Redaktionelle Strategien und Publikumserwartungen, Wiesbaden: Springer, S. 15-28.

Niederhäuser, M. / N. Rosenberger (2011): Unternehmenspolitik, Identität und Kommunikation. Modell, Prozesse, Fallbeispiele, Wiesbaden: Gabler.

Schranz, M. (2007): Wirtschaft zwischen Profit und Moral. Die gesellschaftliche Verantwortung von Unternehmen im Rahmen der öffentlichen Kommunikation, Wiesbaden: Verlag für Sozialwissenschaften.

Szyszka, P. (2008a): Lexikoneintrag Public Storytelling, in: G. Bentele / R. Fröhlich / P. Szyszka (Hrsg.), Handbuch der Public Relations. Wissenschaftliche Grundlagen und berufliches Handeln, 2., korr. u. erw. Aufl., Wiesbaden: Verlag für Sozialwissenschaften, S. 620-621.

Thier, K. (2010): Storytelling. Eine Methode für das Change-, Marken-, Qualitäts- und Wissensmanagement, 2., aktual. u. erg. Aufl., Berlin: Springer.

Van Riel, C. B. M. / C. J. Fombrun (2010): Essentials of Corporate Communication. Implementing Practices for Effective Reputation Management, 5. Aufl., New York: Routledge.

Vendeloe, M. T. (1998): Narrating Corporate Reputation. Becoming Legitimate Through Storytelling, In: International Studies of Management and Organization, Jg. 28, Nr. 3, S. 120-137.

Weber Shandwick (2012): The Company Behind the Brand. In Reputation We Trust. CEO Spotlight, [online] http://www.webershandwick.com/resources/ws/flash/CEO_Spotlight__links.pdf [16.03.2013].

Wentzel, D. / T. Tomczak / A. Herrmann (2011): Storytelling im Behavioral Branding, in: T. Tomczak / F.-R. Esch / J. Kernstock / A. Herrmann (Hrsg.), Behavioral Branding, Wiesbaden: Gabler, S. 425-442.

YouGov (2006): Bankkunden-Typologie, [online] http://cdn.yougov.com/cumulus_uploads//qjeo24h5u4/Bankkundentypologie.pdf [12.05.2013].

Storytelling – Mit Geschichten Marken führen

Andrea Hilzensauer

Ausgangssituation

Es ist nicht neu, dass es für Marken immer schwieriger wird, sich im Wettbewerb mit anderen Marken bzw. Unternehmen um die Gunst der KonsumentInnen zu behaupten. Die Märkte sind großteils gesättigt, Produkte werden als immer austauschbarer wahrgenommen. Von den jährlich neu eingeführten Produkten scheitern an die 80 Prozent innerhalb der ersten sechs Monate (Scheier/Held 2010, 14). Kaufentscheidungen werden habitualisiert getroffen und Werbung muss in Sekundenschnelle wirken.

Die KonsumentInnen sehen sich einer immer größer werdenden Informationsflut und einem steigenden Angebot gegenüber. In der Markenliteratur wird davon gesprochen, dass Marken, die es nicht schaffen, ins Gehirn der KonsumentInnen vorzudringen und sich dort zu verankern, langfristig keine Chance haben. Vor allem im Bereich der Konsumgüter unterscheiden sich die wenigsten Produkte hinsichtlich der Qualität, in Blindtests merken die KonsumentInnen oftmals keine Unterschiede mehr zwischen den einzelnen Marken (Scheier/Held 2009, 13). Der rationale Produktnutzen spielt schon lange eine untergeordnete Rolle, während Emotionen immer mehr und mehr in den Vordergrund treten (Mangold 2002, 3).

Wie kann es aber gelingen, eine Marke in die Köpfe der Menschen zu bringen und diese dort langfristig zu positionieren und zu verankern? Die oft einzige Möglichkeit sich von anderen Unternehmen und deren Produkten abzugrenzen ist laut Herbst (2011, 74) eine Unterscheidung in der Art der Kommunikation. Storytelling ist eine Form der Kommunikation, die in den letzten Jahren auch in Österreich immer mehr zum Einsatz kommt. Ein bekanntes Beispiel ist das Unternehmen Red Bull, welches mit seinen Geschichten rund um den Extremsport die Marke Red Bull und damit verbundene Produkte bekannt gemacht hat.

Storytelling basiert auf dem Erzählen von Geschichten. Die Menschen haben sich schon immer Geschichten erzählt, denn ihnen ist eines gemeinsam: Geschichten sprechen die emotionale Seite der Menschen an und schaffen es, durch immer wiederkehrende Muster schwierige Umstände einfach zu erklären. Storytelling ist, ganz vereinfacht gesagt, nichts anderes als das Erzählen von

Geschichten und eine Möglichkeit, den Herausforderungen in der Markenführung zu begegnen (Mangold 2002, 1).

Der folgende Beitrag beschäftigt sich mit dem Thema Storytelling und Markenführung. Wie eingangs bereits erwähnt, führt die zunehmende Informationsüberlastung dazu, dass es für Marken immer schwieriger wird, sich nachhaltig zu positionieren. Ziel dieses Beitrages ist es, einen Überblick über Storytelling als Instrument der Markenführung zu geben. Es soll der Frage nachgegangen werden, wie Storytelling in diesem Zusammenhang derzeit in Unternehmen in Österreich eingesetzt wird und welche zukünftigen Entwicklungen hinsichtlich des Einsatzes von Storytelling zu erwarten sind.

Bedeutung von Storytelling in der Markenführung

Die meisten Marken und Unternehmen haben eine einmalige und nachhaltige Geschichte zu erzählen. Eine Geschichte über die Marke zu erzählen ist eine Möglichkeit, den KonsumentInnen zu veranschaulichen, was diese Marke einzigartig und begehrenswert macht (Disch 2012). Storytelling als Instrument zur Markenführung kann sich daher besonders gut eignen, um die Monopolstellung der Marke in den Köpfen der KonsumentInnen durch diese Erzählungen zu sichern (ebda.). Nach Papadatos (2006, 382) sind die weltbesten und beständigsten Marken die sogenannten Storytelling-Marken, also jene Marken, die eine Geschichte erzählen. Denn gerade die KonsumentInnen sind immer mehr an der Geschichte hinter einem Unternehmen bzw. einer Marke interessiert, sie wollen wissen warum sie diese Marke kaufen sollen und wer dahinter steht (Wang 2012, 70).

Eine starke Marke kann mit einer Persönlichkeit gleichgesetzt werden. Domizlaff (2005, 91) stellte bereits fest: „Eine Marke hat ein Gesicht wie ein Mensch". Damit übermittelt die Marke Emotionen und wird leichter in Erinnerung behalten (Spath/Foerg 2006, 122). Die Werte einer Marke und die Gefühle, die sie bei den KonsumentInnen auslöst, lassen sich am leichtesten durch eine Geschichte erzählen (ebda., 131).

Dadurch ergibt sich die herausragende Stellung der Marke in der Vielzahl des Angebots. Die Bedeutung von Storytelling in der Markenführung nimmt stetig zu. Spätestens seit Mitte der 1990er Jahre hat man erkannt, dass ein bloßes Produkt oder eine Marke alleine nicht als Kaufanreiz genügen, sondern dass die Geschichte hinter der Marke eine immer größere Rolle spielt (ebda., 129).

Die Methode des Storytelling im Hinblick auf die Markenführung kann dabei in drei Ebenen gegliedert werden: dem Was, dem Wie und dem Wozu (Mangold 2003, 15; Herbst 2008, 12):

- *Was*: damit ist die Handlung der Geschichte gemeint, die Marke verdeutlicht dadurch, wie sie die Bedürfnisse der KonsumentInnen optimal erfüllt.
- *Wie*: meint die Erzählweise der Geschichte und den Aufbau. Die Handlung sollte inhaltlich und zeitlich zusammen hängen.
- *Wozu*: Die Bekanntheit der Marke bzw. des Unternehmens zu steigern ist ein Ziel. Ein anderes ist es, klare Bilder der Marke und des Unternehmens zu vermitteln, um diese erfolgreich von anderen Marken und Unternehmen abzugrenzen (Positionierung und Markenführung).

Ziele von Storytelling in der Markenführung

Im Hinblick auf die Markenführung ist nach Disch (2012) das Ziel von Storytelling, die Marke erlebbarer und emotionaler für die KonsumentInnen zu machen, die Menschen an die Marke zu binden und auch die Menschen zu einer Marke zu führen. Denn im Gegensatz zu anderen Kommunikationsinstrumenten schafft Storytelling einen unmittelbaren Bezug zur Marke – und nur zu dieser einen Marke.

Erzählt man daher die ‚richtige‘ Geschichte, können gezielt Beziehungen zu den KonsumentInnen hergestellt und Emotionen vermittelt werden (Spath/Foerg 2006, 25). Im besten Fall löst die Marke sofort Gefühle aus, wenn man ihren Namen hört (Wang 2012, 73).

Nach Mangold (2002, 42 ff.) lassen sich mit dem Einsatz von Storytelling zwei Ziele verfolgen. Zum einen die Identifikation der RezipientInnen mit der Markengeschichte und zum anderen der Aufbau einer Erlebniswelt in der jeweiligen Bezugsgruppe. Die Menschen wollen sich durch Marken abgrenzen und gleichzeitig ihre Zugehörigkeit zu einer bestimmten Gruppe demonstrieren. Die Entscheidung für oder gegen eine bestimmte Marke ist auch die Entscheidung einer sozialen Gruppierung angehören zu wollen oder nicht (Scheier/Held 2012, 171). Die Geschichten, die eine Marke mithilfe von Storytelling erzählt, müssen zu dieser Gruppe passen. Denn wenn Produkte bzw. Marken es schaffen, starke (positive) Emotionen im Gehirn auszulösen, dann sind die KonsumentInnen eher bereit eine positive Kaufentscheidung zu treffen (Häusel 2010, 18).

Heute verschwimmen die Grenzen zwischen Public Relations, Werbung und Marketing immer mehr (Fog et al. 2005, 8). Storytelling ist ein grenzübergreifendes Instrument, das sich in allen diesen Bereichen einsetzen lässt. Wichtig ist jedoch, dass die Methode des Storytelling die bisher eingesetzten Kommunikationsinstrumente nicht ersetzen soll und kann. Im Idealfall ergänzt Storytelling das Portfolio und schafft im Sinne einer Integrierten Kommunikation einen neuen und erfolgreicheren Ansatz (Fuchs 2009, 60).

Storytelling und Integrierte Kommunikation

Der Begriff der Integrierten Kommunikation kann definiert werden als „ein strategischer und operativer Prozess der Analyse, Planung, Durchführung und Kontrolle, der darauf ausgerichtet ist, aus den differenzierten Quellen der internen und externen Kommunikation von Unternehmen eine Einheit herzustellen, um ein für die Zielgruppen [...] konsistentes Erscheinungsbild [...] zu vermitteln" (Bruhn 2010, 93).

Im Sinne der Forderung nach einer integrierten Kommunikationspolitik ist es daher unerlässlich, dass Storytelling auf allen Ebenen der Markenführung und in allen internen und externen Kommunikationsinstrumenten stattfindet. Eine Beschränkung auf ein Teilgebiet (wie zum Beispiel klassische Werbung oder Public Relations) allein reicht nicht aus (Mangold 2002, 58). Denn die Geschichten über das Unternehmen bzw. die Marke werden auch in Bereichen weitererzählt (Mund-zu-Mund Erzählungen), die nicht direkt kontrolliert werden können (Frenzel et al. 2006, 117). Je stimmiger die Geschichten demnach über alle Kommunikationskanäle nach außen und auch nach innen kommuniziert werden und je mehr sie sich an einer Kerngeschichte orientieren, desto besser kann eine konsistente Markengeschichte aufgebaut und in den Köpfen der Bezugsgruppen verankert werden (Mangold 2002, 66).

Betrachtet man die interne Sichtweise, darf die Relevanz der eigenen MitarbeiterInnen im Hinblick auf Storytelling nicht vergessen werden: sie sind es, die Geschichten als erstes nach außen tragen und den Ruf eines Unternehmens und seiner Marken bzw. Produkte durch Mund-zu-Mund Propaganda beeinflussen (Frenzel et al. 2006, 119). Außerdem muss jede Markenstory auch an der Spitze des Unternehmens, in der Geschäftsführung, verankert sein, um wirklich konsistent umgesetzt zu werden.

Zusammenfassend kann festgehalten werden, dass es wichtig ist, dass die einzelnen Gruppen mit der gleichen Geschichte angesprochen werden. Die Art, der Inhalt und Umfang der Markengeschichte können je nach Bezugsgruppe unterschiedlich sein, der Kern des Erzählten muss jedoch immer gleich bleiben (Mangold 2002, 66). Eine erfolgreiche Geschichte zur Marke besteht immer auch aus Teilgeschichten, die es zu koordinieren gilt (Mangold 2002, 61). Nicht alle Subgeschichten eignen sich für alle Kommunikationsinstrumente. Im Sinne einer

90

integrierten Kommunikation muss jedoch darauf geachtet werden, dass insgesamt ein konsistentes und stimmiges Bild über die Marke vermittelt wird.

Findung von Markengeschichten

Im Sinne einer langfristigen und konsistenten Markenführung spielen die Kerngeschichten der Marke und des Unternehmens eine zentrale Rolle. Die dauerhafte und immer wiederkehrende Verwendung dieser Geschichten ist aber auch deshalb von besonderer Relevanz, da, wie bereits früher dargestellt, der Großteil der Informationen vom Menschen implizit wahrgenommen wird und sich somit im Unterbewusstsein nach und nach ein festes Markenbild formt (Scheier/Held 2012, 47).

Fog et al. (2005, 54 ff.) haben ein Modell entwickelt, den sogenannten ‚Brand Tree‘, der veranschaulichen soll, wie gute und langfristige Markenführung mittels Storytelling umgesetzt werden kann. Als Basis dient die Kerngeschichte des Unternehmens bzw. der Marke. Alle Geschichten, die rund um die Marke erzählt werden, müssen von dieser Kerngeschichte abstammen und mit der Grundidee dieser Erzählung übereinstimmen. Die Blätter des Baumes stehen für die internen und externen Geschichten des Unternehmens bzw. der Marke. Mit ‚extern‘ sind alle Kanäle gemeint, über die Geschichten transportiert werden können: Medien, Werbung, Geschichten für KonsumentInnen, Erzählungen von GeschäftspartnerInnen, LieferantInnen und Ähnliches.

Wie kommt man an gute Geschichten für die Marke? In den meisten Fällen existieren bereits Erzählungen im Unternehmen, die als Grundlage verwendet werden können, sodass keine Geschichte über die Marke ‚erfunden‘ werden muss (Fog et al. 2005, 98). Im Hinblick auf die Forderung nach Authentizität einer Markengeschichte ist davon abzuraten, einer Marke eine Geschichte ‚aufzuzwängen‘. Nur wenn der Kern und das Wesen der Marke in der Geschichte berücksichtigt werden, kann dieser Forderung Rechnung getragen werden.

Nach Fog et al. (2005, 99 ff.) gibt es dabei mehrere Möglichkeiten, Geschichten zur Marke zu entdecken:

- Geschichten der MitarbeiterInnen
- Geschichten über den CEO
- Geschichten über die Gründung des Unternehmens
- Geschichten über Erfolge und Krisen, durch die das Unternehmen gegangen ist
- Geschichten über das Produkt

- Geschichten von LieferantInnen, die diese über die Marke erzählen
- Erzählungen von KonsumentInnen
- Opinion Leaders und deren Geschichten

Vor dem Hintergrund der Positionierung einer Marke und deren Differenzierung vom Wettbewerb sollten Storytelling-Geschichten so gestaltet sein, dass sie zur Marke passen und einzigartig sind. Wenn Geschichten erzählt werden, so ist es essentiell, dass diese Geschichten authentisch zur Marke passen. Im Idealfall gehören die Marke und die Geschichte untrennbar zusammen (Disch 2012). Wenn die Geschichte zur Marke der Geschichte einer anderen Marke zu sehr ähnelt, sollte davon Abstand genommen werden. Eine Ausnahme nennen Herskowitz/Crystal (2010, 23): wenn sich der Charakter einer Marke stark von dem einer anderen Marke unterscheidet, kann im Zweifelsfall eine ähnliche Geschichte erzählt werden.

Herausforderungen von Storytelling

Zusammenfassend kann festgehalten werden, dass der Vorteil von Storytelling-Geschichten darin liegt, dass sie im Gegensatz zu abstrakten Botschaften schneller verstanden und weitervermittelt werden sowie darüber hinaus Emotionen schaffen (Spath/Foerg 2006, 24). Disch (2012) bemerkt ebenfalls: „Storytelling ist eine unaufdringliche und glaubhafte Form, eine Botschaft zu vermitteln".

Storytelling schafft Emotionen und damit können sich Marken voneinander abgrenzen. Im Gegensatz zu herkömmlichen Kommunikationsinstrumenten, vermittelt die Methode des Storytelling durch den Einsatz von Geschichten Sympathie und schafft Nähe zu den Produkten und Marken, da man sich über glaubhafte Stories leichter mit der Marke identifiziert (Disch 2012). Storytelling im Hinblick auf Markenführung hat zudem den Vorteil, dass durch die Geschichten das Bild der Marke verstärkt wird. Unternehmen legen sich ein klares Profil zu und kommen somit auch besser durch Zeiten der Rezession (Spath/Foerg 2006, 115).

Viele Unternehmen sind in Zeiten der Krise mit knappen Marketingbudgets konfrontiert. Kommunikationsmaßnahmen werden reduziert bzw. wird auf einzelne Instrumente ganz verzichtet. Diese Fokussierung kann durchaus Sinn machen, es darf dabei jedoch nicht vergessen werden, dass gerade durch den Einsatz von Storytelling im Idealfall ein einheitliches Bild von einer Marke geschaffen wird und durch eine übergreifende Geschichte über alle Kanäle ein stimmiger Auftritt bei den Bezugsgruppen aufgebaut werden kann. Im besten Fall kann dies auch mit einem geringeren Mitteleinsatz erfolgen, da alle Maßnahmen immer wieder auf dieselbe Geschichte einzahlen und nicht auf den unterschiedlichen Kanälen unterschiedliche Geschichten erzählt werden, was zur Folge hätte, dass nach außen kein einheitliches Bild vermittelt wird.

Die Herausforderungen im Hinblick auf Storytelling ist nach Mangold (2002, 63) zum einen die Steuerung der Geschichten. Selbst wenn auf allen Kanälen eine Kernbotschaft transportiert wird, kann nie kontrolliert werden, wie die Geschichten bei den einzelnen Bezugsgruppen ankommen und vor allem, wie diese weitererzählt werden. Zum anderen sieht sich die Markenführung bzw. das Unternehmen einer Vielzahl an Instrumenten gegenüber, die es zu koordinieren gilt. In vielen, vor allem größeren Unternehmen, sind die Aufgabenbereiche Marketing und Public Relations intern in unterschiedlichen Bereichen angesiedelt. Dazu kommt, dass auch Agenturen für Werbung, PR, Social Media und Ähnliches beratend zur Seite stehen, wodurch der Koordinationsaufwand nochmals erschwert wird. Diese Problematik ist vor dem Hintergrund der Integrierten Kommunikation sicherlich nicht neu, sollte sich jedoch auch im Hinblick auf Storytelling immer wieder vor Augen geführt werden.

Storytelling erfordert auch eine gewisse Offenheit, vor allem in der Zusammenarbeit zwischen Unternehmen und Agenturen. Unterschiedliche Erwartungshaltungen beider Seiten hinsichtlich der Ergebnisse und ein fehlendes Bekenntnis innerhalb des Unternehmens zum Erzählen von Geschichten können als hemmende Faktoren einer erfolgreichen Umsetzung genannt werden (Spath/Foerg 2006, 34).

Zusammenfassend kann gesagt werden, dass mittels Storytelling den KonsumentInnen eine für sie relevante und emotionale Geschichte über die Marke bzw. das Unternehmen erzählt werden soll. Durch das integrierte Kommunizieren dieser Story über alle Kommunikationskanäle können Marken und die dazugehörigen Unternehmen besser in den Köpfen der KonsumentInnen verankert werden und wirken somit nachhaltiger. Starke Marken lösen mehr Emotionen bei den Menschen aus; sie schaffen es eher, den Information Overload zu überwinden und aus der Vielzahl der am Markt befindlichen Anbieter hervorzutreten.

Methodisches Vorgehen

Will man eine im Sinne der quantitativen Forschung repräsentative Studie zum Thema Storytelling und Markenführung durchführen, müsste eine Vielzahl von Unternehmen mittels standardisierter Methoden befragt werden. Da im Vorfeld der Untersuchung jedoch nicht von einen einheitlichen Begriffsverständnis von Storytelling ausgegangen werden konnte, wurde in der vorliegenden Untersuchung eine qualitative Methode der empirischen Sozialforschung gewählt.

Dabei wurden dreizehn ExpertInnen aus den Bereichen Marketing und Public Relations mittels nichtstandardisierter ExpertInneninterviews persönlich befragt. ExpertInnen können dabei wie folgt definiert werden: sie verfügen über umfassendes Wissen in einem Bereich, das sie zur Problemlösung und „zur Begründung sowohl von Problemursachen als auch von Lösungsprinzipien befähigt" (Pfadenhauer 2007, 452). Gläser/Laudel (2010, 12) beschreiben ExpertInnen als „Quelle von Spezialwissen über die zu erforschenden sozialen Sachverhalte."

Die in der vorliegenden Untersuchung befragten ExpertInnen können in zwei Gruppen unterteilt werden. Zum einen handelt es sich um Personen, die in im Bereich Marketing oder Public Relations von Konsumgüter-Unternehmen tätig sind und somit stellvertretend für die Sichtweise der Unternehmen in Österreich herangezogen werden können.

Zum anderen wurden Personen befragt, die in Agenturen tätig sind und den Unternehmen somit in einer beratenden Funktion zur Seite stehen. Damit soll einerseits die Außensicht reflektiert und andererseits der Frage nachgegangen werden, ob von Seiten der Agenturen das Instrument Storytelling anders beurteilt wird. Die ausgewählten Unternehmen bzw. Agenturen befinden sich alle in Wien, eine Agentur ist in Niederösterreich angesiedelt und eines der Unternehmen befindet sich in Oberösterreich. Da sich der Großteil der in Österreich ansässigen Konsumgüter-Unternehmen sowie der beratenden Agenturen im Wiener Raum befindet, stellt diese Auswahl für die Erhebung keinerlei Nachteile dar.

Die befragten ExpertInnen können wie folgt zugeordnet werden:

In Unternehmen:
- Nestlé Österreich GmbH: MitarbeiterIn Marketing
- Iglo Austria GmbH: MitarbeiterIn Marketing
- Coca Cola HBC Austria Ges.m.b.H.: MitarbeiterIn Marketing
- Mona Naturprodukte GmbH: MitarbeiterIn Marketing
- Unilever Austria GmbH: MitarbeiterIn Public Relations
- Berglandmilch eGen: MitarbeiterIn Marketing
- Maresi Austria GmbH: MitarbeiterIn Marketing

In Agenturen:
- Accedo Austria GmbH: Public Relations Consultant
- BRAND NEU – Neurobrand Coaching: InhaberIn
- Futura GmbH: Managing Partner
- Wunderknaben GmbH: GeschäftsführerIn
- themata kommunikation GmbH: GeschäftsführerIn
- zbc3 GmbH: Communication Consultant

Die Interviews wurden anschließend mithilfe der qualitativen Inhaltsanalyse ausgewertet. Dabei wurden die geführten ExpertInneninterviews von der Verfasserin mittels der wörtlichen Transkription verschriftlicht. Für die weitere Auswertung nicht relevante Textpassagen wurden dabei von der Transkription ausgenommen (selektive Transkription). Im Vorfeld der Auswertung mittels Software wurde ein Codeplan erstellt (deduktive Kategorienbildung), anhand dessen die Transkripte strukturiert werden. Als nächstes wurden die so entstandenen Textstellen mittels Zusammenfassung auf ihre wesentlichen Kernaussagen reduziert und nochmals codiert (induktive Kategorienbildung). Nach Durchführung dieser Analyseschritte wurde das so gewonnene Material interpretiert.

Forschungsergebnisse im Überblick

Begriffsverständnis Storytelling

Innerhalb der Unternehmen wird unter dem Begriff Storytelling vor allem das Erzählen einer Geschichte zu einer Marke bzw. einem Produkt verstanden, sowie das emotionale Aufladen oder Aufbauen einer Marke. Einige der befragten Personen waren der Meinung, dass es sich bei Storytelling um nichts Neues handelt, sondern nur um einen neuen Begriff bzw. ein Schlagwort für bereits Dagewesenes.

Aus Sicht der Agenturen wird unter Storytelling ebenfalls das Erzählen einer Geschichte (zur Marke) verstanden und diese als der rote Faden von Marken und Unternehmen gesehen. Das Instrument Storytelling soll dazu dienen, das Wiedererkennen der Markenbotschaft zu gewährleisten und ein Bild (über die Marke, das Produkt bzw. das Unternehmen) in den Köpfen der Menschen zu verankern. Storytelling an sich wird als nicht neu gesehen, nur der Begriff dafür, was darunter verstanden wird, sei ein neuer. *„Ganz viele meinen, das ist bloß wieder ein neues Schlagwort, das heißt, ganz viele Kunden und Unternehmen sind einfach genervt"*, gab eine der befragten Personen an.

Auswahl von Markengeschichten

Der Großteil der Befragten ist der Meinung, dass die Geschichte zur Marke bzw. zum Unternehmen wahr sein muss oder in jedem Fall authentisch. Geschichten zu einer Marke zu erfinden sei keine vertretbare Möglichkeit. Da Erzählungen Emotionen bei den ZuhörerInnen wecken, seien sie geeignet, eine Bindung zwischen KonsumentInnen und Marke herzustellen, wobei auch betont wurde, dass sich nicht jede Geschichte für jede Marke eigne. Weitere wichtige Kriterien aus Sicht der ExpertInnen sind die Relevanz der Erzählungen für die KonsumentInnen, der Spannungsbogen der Geschichten sowie die Dauer der Erzählung. Eine Geschichte zu einer Marke müsse über einen längeren Zeitraum erzählt werden, um bei den Bezugsgruppen anzukommen.

Auf die Frage, welche Geschichte die Unternehmen derzeit ihren KonsumentInnen über die Marke erzählen, wurden überwiegend die Historie der Marke oder die Benefits der Marke als Geschichte genannt, ebenso wurde in manchen Fällen die Gründungsgeschichte des Unternehmens erwähnt. In allen befragten Unternehmen sind potenzielle Geschichten vorhanden, auch wenn sie in vielen Fällen nur intern existieren und weitergegeben werden. So wurde in einigen Fällen von internen Anekdoten erzählt oder auch von Mythen, welche es rund um die Marke oder das Unternehmen gibt. Auch von Seiten der Agenturen wurde festgestellt, dass *„sich viele Unternehmen gar nicht bewusst sind, was bei ihnen an Geschichten schlummert".*

Betrachtet man die Elemente einer Geschichte in Anlehnung an die theoretischen Ausführungen – die die 4 Elemente des Storytelling nach Fog et al. (2005, 31 ff.): Botschaft, Konflikt, Handlung und Charaktere – so stellt sich die Frage, ob und welche Elemente in den externen Erzählungen der Unternehmen vorkommen. Hinsichtlich der Elemente kann hier gesagt werden, dass nicht in allen Geschichten ProtagonistInnen vorkommen. Ebenso wird in den seltensten Fällen ein Konflikt kommuniziert und nicht alle der befragten Unternehmen konnten eine Kernaussage benennen. Die Handlung der Geschichte wurde oftmals mit den Eckdaten der Marke in Verbindung gebracht. Seitens der Agenturen kann angemerkt werden, dass hier eher in Richtung dramaturgischer Aufbau einer Geschichte gedacht wurde.

Prüft man die von den Unternehmen kommunizierten Erzählungen kritisch, so kann gesagt werden, dass in fast allen Fällen nur entweder die Benefits der Marke oder auch die Gründungsgeschichte des Unternehmens bzw. der Marke genannt wurden. Hinsichtlich der Definition einer Geschichte in Anlehnung an die theoretischen Vorüberlegungen lässt sich somit feststellen, dass es sich bei keiner der Erzählungen um eine Geschichte im Sinne des Storytelling handelt. Es zeigt sich, dass lediglich die Vorteile einer Marke bzw. jene von Produkten in Form von Kampagnen über verschiedene Medienkanäle transportiert werden. Auch wenn, wie in einem Unternehmen der Fall, eine Geschichte im TV-Spot oder in anderen klassischen Kanälen erzählt wird, lässt sich der klar erkennbare rote Faden nicht über alle Kommunikationsinstrumente hinweg ausmachen. Storytelling in der Markenführung bedeutet nach dem Verständnis der Integrierten Kommunikation nämlich auch, dass Geschichten über alle Kanäle erzählt werden, die sich sinnvollerweise dafür eignen.

Strategischer Einsatz von Storytelling

Seitens der Agenturen besteht im Gegensatz zu den Unternehmen eine wesentlich höhere Bereitschaft, Storytelling im Hinblick auf Markenführung zu verankern. Das Instrument wird von den Agenturen in der täglichen Beratungstätigkeit vielfach schon umgesetzt bzw. angeboten. Die Erfahrungen der Agenturen mit Storytelling sind ebenfalls wesentlich umfangreicher verglichen mit den befragten Unternehmen. Vor allem kleinere, eigentümergeführte Betriebe wurden in diesem Zusammenhang als Best-Practice-Beispiele hinsichtlich der Zusammenarbeit genannt. Die Geschichten, die in diesen Unternehmen existieren, sind wesentlich stärker mit den EigentümerInnen verknüpft, was einem Einsatz des Instruments Storytelling offensichtlich positiv entgegen kommt.

Derzeit wird das Instrument Storytelling in Unternehmen in Österreich nach wie vor nur vereinzelt eingesetzt. Vorzeigebeispiele sind laut Meinung der Agenturen eher im internationalen Bereich, auf anderen Märkten, zu finden. Der Großteil der Unternehmen ist noch zurückhaltend und setzt lieber auf klassische und bekannte Methoden der Markenführung. In den befragten Unternehmen sind das vor allem Kampagnen in Form von klassischer Werbung wie TV-Spots, Print- oder Online-Kommunikation. Diesen Instrumenten liegt aber keine gemeinsame Story im Sinne des Storytellings zugrunde. Einige Unternehmen in Österreich wenden Storytelling bereits an, jedoch sind sie sich laut Aussage der Agenturen dessen nicht immer bewusst und es geschieht daher oft intuitiv.

Vor- und Nachteile von Storytelling

Für den Einsatz von Storytelling spricht laut den befragten ExpertInnen hauptsächlich die Tatsache, dass Marken von den KonsumentInnen konsistenter wahrgenommen werden und dass es durch den synchronisierten Einsatz von Geschichten über alle Kanäle zu einem viel stärkeren Markenbild nach außen kommt, wodurch sich im besten Fall finanzielle Einsparungen ergeben. Weiters stellen die InterviewpartnerInnen fest, dass die KonsumentInnen verstärkt nach Geschichten zu den von ihnen verwendeten Marken verlangen und das dadurch aufgebaute Vertrauen kann als nachhaltiger gewertet werden, was sich in Krisenzeiten als sehr wertvoll für die betroffenen Unternehmen herausstellen kann.

Die Gründe, die im Moment gegen einen Einsatz von Storytelling sprechen, sind vor allem das Festhalten an gewohnten Methoden der Markenführung innerhalb der Unternehmen oder die fehlende Bereitschaft, interne Prozesse neu zu strukturieren. In manchen Fällen ist auch die Angst vor Machtverlusten innerhalb der Unternehmen, zwischen einzelnen Abteilungen oder zwischen Unternehmen und Agenturen ein Grund. Die Herausforderungen der Agenturen in der Zusammenarbeit mit den Unternehmen beziehen sich überwiegend darauf, dass sich hinter dem Begriff nur ein weiteres Schlagwort für schon Dagewesenes verbirgt und dass in Krisenzeiten gerne an Bekanntem festgehalten wird und die finanziellen Mittel für neue Methoden oftmals nicht vorhanden sind. Diese Erkenntnisse decken sich mit den Feststellungen, welche bereits im Theorieteil getroffen wurden: knappe Marketingbudgets, der erhöhte Koordinationsaufwand innerhalb der Unternehmen bzw. zwischen den Unternehmen und den Agenturen, sowie die fehlende Offenheit sind Faktoren, welche einem erfolgreichen Einsatz von Storytelling oftmals im Weg stehen.

Integriertes Storytelling

In Bezug auf den Einsatz von Geschichten in den unterschiedlichen Kommunikationsinstrumenten ist der Großteil der Befragten der Meinung, dass alle Instrumente dafür geeignet sind. Es wurde jedoch mehrfach betont, dass nicht jede Geschichte in jedem Medium funktionieren kann, da beide Komponenten zusammen passen müssen und daher manche Instrumente für gewisse Geschichten ausscheiden. Content, also die Inhalte für die Geschichten, spielt im Zusammenhang mit Storytelling eine sehr große Rolle, da jeder Kommunikationskanal seinen eigenen Content benötigt.

Gliedert man die Kommunikationsinstrumente in Above-the-Line, also klassische Werbung wie TV, Print, Hörfunk, Online-Werbung und Below-the-Line-Maßnahmen wie Promotions oder Direktmarketing, zeigt sich, dass der Einsatz von klassischen Maßnahmen im Hinblick auf Storytelling wesentlich häufiger genannt wurde. Vor allem im Bereich TV wird der Einsatz von Geschichten als legitimes Mittel wahrgenommen. Der Onlinebereich wird ebenfalls als relevant angesehen, da durch die Zunahme der sozialen Medien wie *Facebook* oder *Twitter*, die Bedeutung von Content in Form von Geschichten noch mehr zugenommen hat. Da es sich hierbei um sogenannte ‚owned media‘, also Medien über welche die Unternehmen selbst verfügen, handelt, ist die Möglichkeit der Steuerung der Geschichten auf diesen Kanälen wesentlich höher.

In den Below-the-Line-Maßnahmen spielen vor allem die Verpackung der Produkte eine Rolle, da sich auf dieser Ebene, sei es durch die Gestaltung oder die Haptik, ebenfalls Geschichten erzählen lassen. Direktmarketing-Aktivitäten wurden ebenso genannt wie der Einsatz von Geschichten auf Events. Hinsichtlich des Einsatzes von Storytelling in den Public Relations kann angemerkt werden, dass dies in den meisten Fällen passiert; nur ein Unternehmen stand dem Einsatz von Storytelling in den Public Relations eher kritisch gegenüber.

Zusammenfassung der Ergebnisse und Ausblick

Allgemein kann festgehalten werden, dass der Einsatz von Storytelling in Österreich laut den befragten Agenturen in den letzten Jahren stark zugenommen hat. Diese Aussagen decken sich nur zum Teil mit den im Theorieteil getroffenen Vorüberlegungen, wo auf den zunehmenden Einsatz von Storytelling in der externen Unternehmenskommunikation hingewiesen wurde. Denn in den befragten Unternehmen konnte der Einsatz von Storytelling in der Markenführung nur in Ansätzen erkannt werden, obwohl es sich bei fast allen der befragten Unternehmen um große, teilweise internationale Markenartikelunternehmen handelt. Es sind laut Aussage der Agenturen eher die kleinen, eigentümergeführten Unternehmen, welche Storytelling in der externen Unternehmenskommunikation und in der Markenführung bereits erfolgreich ein- und umsetzen.

Innerhalb der Agenturen wird Storytelling als immer wichtiger erachtet, um Produkte und Marken deutlicher zu positionieren und zu differenzieren. Wenige Unternehmen geben jedoch von sich aus den Anstoß dazu; in den überwiegenden Fällen sind es die Agenturen, welche die Initiative hinsichtlich des Einsatzes von Storytelling ergreifen. In den Unternehmen herrscht eher Skepsis und Zurückhaltung, da die Vorteile des Instruments nicht erkannt werden oder weil es einfach an der Bereitschaft fehlt, bestehende interne Prozesse und Strukturen zu verändern. Die Sichtweise der Unternehmen ist vielfach sehr verkaufsorientiert. Geschichten sind eine Möglichkeit, Marken zu emotionalisieren, um mehr Produkte zu verkaufen oder die KonsumentInnen stärker an die Marke zu binden. Der Einsatz von PR wird oftmals als Ergänzung zu klassischen Kommunikationsinstrumenten wie TV-Werbung oder Print gesehen. Der integrierte Einsatz aller Möglichkeiten, von sowohl Marketinginstrumenten als auch Public Relations, wird in den Unternehmen im Hinblick auf die langfristige Führung von Marken nur ansatzweise gesehen.

Interessant war ebenfalls, dass zwar fast alle der befragten Unternehmen angaben, daran zu glauben, dass ein Markenaufbau mittels Geschichten möglich sei und auch erfolgreiche Praxisbeispiele genannt wurden. Wurden sie nach den eigenen Geschichten zur Marke gefragt, zeigte sich jedoch, dass in keinem der Unternehmen ein solcher Aufbau durch Geschichten erfolgt ist.

Anhand der empirischen Erhebung lässt sich zusammenfassend Folgendes feststellen: keines der befragten Unternehmen setzt das Instrument Storytelling derzeit als strategisches Instrument zur Markenführung ein. Bei den von den

Unternehmen erzählten Geschichten handelt es sich nicht um Geschichten im Sinne des Storytelling. Es werden lediglich die Benefits der Marke bzw. der Produkte in Form von Kampagnen über vorwiegend klassische Instrumente wie TV-Werbung, Print- oder Online-Medien an die KonsumentInnen kommuniziert. Intuitiv gibt es Ansätze, die in Richtung Storytelling gehen, da vereinzelt Geschichten über ausgewählte Kommunikationskanäle erzählt werden, es fehlt jedoch der rote Faden über alle Kanäle hinweg, sowie die längerfristige Inszenierung dieser Geschichten.

Betrachtet man den österreichischen Markt, so kann anhand der Aussagen in den Befragungen festgehalten werden, dass sich hier in den letzten Jahren eine deutliche Entwicklung in Richtung Einsatz von Storytelling zeigt. Immer mehr Firmen erkennen, dass es ein wichtiges Instrument in der Markenführung ist, um im Sinne der Integrierten Kommunikation über alle Kanäle eine einheitliche Story zu kommunizieren. Einige Unternehmen wenden Storytelling bereits an, jedoch sind sie sich laut Aussage der Agenturen dessen nicht immer bewusst und es geschieht daher oft intuitiv. Aus Sicht der Agenturen hat sich Storytelling in der Markenführung in den letzten Jahren in Österreich, mit einiger Verzögerung im Vergleich zu anderen Märkten, stark entwickelt und es ist davon auszugehen, dass sich diese Entwicklung weiter fortsetzen wird.

Literatur

Bruhn, Manfred (2010): Kommunikationspolitik, Systematischer Einsatz der Kommunikation für Unternehmen, 6. Auflage, München: Vahlen.

Disch, Wolfgang K.A. (2012): http://www.centerforstorytelling.org/ Stand: Jänner 2013

Domizlaff, Hans (2005): Die Gewinnung des öffentlichen Vertrauens. Ein Lehrbuch der Markentechnik, 7. Auflage, Hamburg: Verlag Marketing Journal.

Fog, Klaus, Christian Budtz und Baris Yakaboylu (2005): Storytelling. Branding in Practice, Berlin: Springer.

Frenzel, Karolina, Michael Müller und Hermann Sottong (2006): Storytelling. Das Harun al-Raschid-Prinzip; die Kraft des Erzählens fürs Unternehmen nutzen, München: Deutscher Taschenbuch Verlag.

Fuchs, Werner T. (2009): Warum das Gehirn Geschichten liebt. Mit den Erkenntnissen der Neurowissenschaften zu zielgruppenorientiertem Marketing, München: Rudolf Haufe Verlag.

Gläser, Jochen und Grit Laudel (2010): Experteninterviews und qualitative Inhaltsanalyse, 4. Auflage, Wiesbaden: VS Verlag für Sozialwissenschaften.

Häusel, Hans-Georg (2010): Emotional Boosting, Die hohe Kunst der Kaufverführung, Freiburg [u.a.]: Haufe Mediengruppe.

Herbst, Dieter (2011): Storytelling, 2. Auflage, Konstanz: UVK Verlag.

Herskovitz, Stephen and Malcolm Crystal (2010): The essential brand persona: storytelling and branding, in: Journal of Business Strategy, 31, S. 21-28.

Mangold, Marc (2002): Markenmanagement durch Storytelling, München: FMG Verlag.

N.N. (2008): Tall tales?: Storytelling for marketers, change managers and operational researchers, in: Strategic Direction, 24, S. 27-29.

Papadatos, Caroline (2006): The art of storytelling: how loyalty marketers can build emotional connections to their brands, in: Journal of Consumer Marketing, 23, S. 382-384.

Pfadenbauer, Michaela (2007): Das Experteninterview. Ein Gespräch auf gleicher Augenhöhe, in: Buber, Renate, Hartmut H. Holzmüller (2009): Qualitative Marktforschung: Konzepte - Methoden - Analysen, 2. überarbeitete Auflage, Wiesbaden: Gabler.

Scheier, Christian, Dirk Held (2009): Was Marken erfolgreich macht. Neuropsychologie in der Markenführung, 2. Auflage, Freiburg i. B. [u.a.]: Haufe Mediengruppe.

Scheier, Christian, Dirk Held (2010): Wie Werbung wirkt. Erkenntnisse des Neuromarketing, Freiburg [u.a.]: Haufe Mediengruppe.

Spath, Christian, Bernhard G. Foerg (2006): Storytelling und Marketing, Wien: echomedia Verlag und Österreichische Marketing Gesellschaft.

Wang, Jennifer (2012): What's your Story?, in: Entrepreneur 1/2012, S. 69-73.

Scheherazade und die Geschichten von 1001 Luxusmarke – Potenziale von Storytelling in der Luxusmarkenführung

Maria Reingruber

Ausgangslage

Um auf dem differenzierten Markt der Luxusmarken wahrgenommen zu werden eine entsprechende Kaufentscheidung der KonsumentInnen zu forcieren, muss sich eine Marke deutlich hervorheben (vgl. Gutjahr 2011, 13). Die Definition von Luxus allein ist jedoch nicht ausreichend, um deren Sonderstellung in der Markenführung zu verstehen. Vielmehr muss die Aufgabe der Luxusmarkenführung beleuchtet werden. Stehen Luxusmarken im Mittelpunkt der Betrachtungen, bildet bei der Markenführung dieser die Positionierung der Marke die Basis für die ganzheitliche Konzeption einer Marken- oder Unternehmensidentität (vgl. Schmidt 2008, 19).

Innerhalb der Markenkommunikation macht sich aus den oben genannten Gründen das Storytelling die Eigenschaft des Menschen, mit seiner Umwelt durch Geschichten zu kommunizieren, zunutze. Herbst (2011, 30) bezieht sich mit seinem Ansatz der dauerhaften und primären Abrufbarkeit von Informationen, die in sinnzusammenhängenden Geschichten abgespeichert wurden, auf Erkenntnisse der Neuropsychologie. Aus diesen Einsichten lässt sich deduzieren, dass mit dem bereits seit Beginn der Menschheitsgeschichte angewandten Geschichtenerzählen in hohem Maße Verlässlichkeit und Vertrauen transportiert wird. Herbst ist auch der Ansicht, dass alle Bezugsgruppen die bedeutsamen Botschaften eines Unternehmens dann am besten wahrnehmen und in einem rasch abrufbaren Retrieval-System speichern, wenn diese Botschaften für sie emotionale Relevanz besitzen.

Da nun gerade Luxusmarken hohe Emotionalität transportieren müssen, um sich erfolgreich auf dem Markt zu positionieren, soll in diesem Beitrag auf die Potenziale im Einsatz von Storytelling bei der Luxusmarkenführung eingegangen werden.

Luxusmarken

Die Marke stellt nach Meffert et al. (2002, 9) eine Kennzeichnung von Produkten oder Leistungen dar. Sie dient einerseits der Differenzierung zu anderen Marken oder Produkten, andererseits der Entscheidungsfindung des Individuums über deren Erwerb. Die Entscheidung für eine Marke fällt aufgrund der Nützlichkeit oder Nutzbarkeit für die KundInnen, die damit ihre individuelle Kultur und Persönlichkeit kommunizieren. Demgemäß versprechen Marken Qualität und durch die Erfüllung der KundInnenerwartungen eine dauerhaft werteorientierte Wirkung auf die relevante Zielgruppe (vgl. Kotler et al. 2007, 511).

Eine essenzielle Rolle spielt in diesem Prozess die Kommunikation zwischen vertreibendem und erwerbendem Individuum, wobei die Identität der Marke als Trägerin der Botschaft fungiert und zusätzlich zu den physischen Dispositionen vor allem die emotionalen Eigenschaften transportieren soll (vgl. Adjouri/Büttner 2008, 71; Ouro/Trasser 2010, 19). Die Emotionen, welche durch die Botschaften vermittelt und hervorgerufen werden, entstehen im Empfängersystem durch Assoziationen, weshalb laut Kotler et al. (2007, 511 f.) ein bewusstes und empfängerorientiertes Management der Markenbotschaft unumgänglich ist.

Dass Marken in unserer sozialen Umwelt und Kultur nicht nur fest verankert sind, sondern diese auch prägen und verändern, belegen sowohl die Neurobiologie als auch die Psychologie in ihren wissenschaftlichen Auseinandersetzungen mit dem Transfer von Image und Prestige. Diese Wissenschaften versuchen zu erklären, wie ein Markengedächtnis bei den KundInnen aufgebaut und möglichst lange erhalten wird.

Dabei spielt der Einsatz von Mythen und Archetypen, die zumeist global und überindividuell in ihrer gemeinsamen Bedeutung eine große Überzeugungskraft der Marke vermitteln, eine wesentliche Rolle. Gutjahr (2011, 44) bezeichnet eine „merkwürdige Leistung" als Voraussetzung zur Markenbildung und den Einsatz von Mythen und Archetypen als Verstärker für einen Markenglauben, der die KonsumentInnen in eine Wirkung der Marke vertrauen lässt, die rational nicht begründbar ist.

Wie in der Literatur aufgezeigt, sind bestätigte Produktnutzenerwartungen und die Authentizität für ein stabiles Markengedächtnis als Voraussetzungen zu bezeichnen (vgl. Gutjahr 2011, 46). Auch der vielerorts übliche Einsatz von Prominenten, sogenannten *Celebrities*, um das Markenvertrauen zu stärken, muss berücksichtigen, dass reale Erfahrungen mit dem Produkt stärker wirken als die durch „Marken-Testimonials" übermittelten Werbebotschaften (vgl. Gutjahr 2011, 125 f.).

Bei dem Versuch Luxus zu definieren zeigen sich die in der Literatur angeführten Begriffserklärungen sehr heterogen und sowohl epochal als auch kulturell beeinflusst (vgl. Mühlmann 1975, 69; Sombart 1999, 71; Jäckel/Kochhan 2000, 87 ff.; Dubois et al. 2001, 1 ff.; Büttner et al. 2008, 8). Herausragende Eigenschaften und Attribute (vgl. Lasslop 2005, 473 f.), eine gewisse Einzigartigkeit und Exklusivität (vgl. Okonkwo 2007, 105) sowie eine Positionierung an der Spitze der Leistungspyramide (vgl. Müller, 2012) sind grundlegend. Der hohe Preis von Luxusprodukten steht demnach nicht als Kennzeichen für Exklusivität, sondern ergibt sich aus den genannten Merkmalen.

Aufgabe Luxusmarkenführung

Aus einer mythisch verdichteten Markenidentität, welche die Faszination und Begehrlichkeit von Luxusmarken hervorrufen soll, ist nach einem derzeitigen Paradigmenwechsel die klare Tendenz zur ganzheitlichen identitätsbasierten Markenführung erkennbar (vgl. Burmann/König 2012, 5). Bezeichnet als „Holistic Solutions"-Konzept, werden in einem ganzheitlichen Layout sechs relevante Identitätsdimensionen angegeben: Hierbei handelt es sich um (1) die Produkte und Dienstleistungen sowie (2) deren Design, (3) die Kultur, (4) die Kommunikation, (5) das Verhalten der Interaktionspartner sowie (6) die Märkte und KundInnen

Alle zuvor angegebenen Identitätsdimensionen sind besonders im Luxusmarkensegment zu würdigen, allerdings sind ihnen unterschiedliche Prioritäten beizumessen. Eine der führenden Rolle spielt bei der Markenführung von Luxusmarken die Identitätsdimension der Kultur, da diese am tiefsten im Individuum verankert ist und daher auch langfristig Auswirkungen zeigt (vgl. Schmidt 2008, 21 f.). Beeinflusst durch Sitten, Rituale sowie tradierte Prozesse und Vorgehensweisen formt die Kultur die Gesamtwahrnehmung einer Marke. Als weitere einflussreiche Dimension ist aber auch die Kommunikation zu nennen, da einerseits Emotionen durch die Botschaften vermittelt werden sollen, andererseits eine Vielzahl an externen und internen KommunikationspartnerInnen eine kontinuierliche, authentische und konsistente Interaktion erfordert, um Markenbotschaften erfolgreich zu übermitteln (vgl. Schmidt 2008, 24).

Luxusmarken stehen ganz besonders in enger Verbindung mit den Themen Emotionalisierung, Authentizität und Überzeugungskraft der Marke. Ein Exkurs in die Welt des Neuromarketings erschließt, wie und wo Kaufentscheidungen entstehen. Dem limbischen System, welches die Entstehung und Verarbeitung von Emotionen steuert, steht der präfrontale Kortex als entscheidendes Rechenzentrum gegenüber. Jedoch messen die ForscherInnen dem limbischen System als Revisor, welcher das Abspeichern von Werbebotschaften im Langzeitge-dächtnis verantwortet, dabei eine weitaus größere Bedeutung zu (vgl. Häusel 2012, 251 f.). Die erfolgreiche Positionierung einer Marke laut Häusel (ebda., 84) ist in erster Linie von der sicheren Verankerung im menschlichen Emotions-, Motivations- und Wertesystem abhängig. Deshalb ist eine präzise Positionierung der Marke auch aus neurowissenschaftlicher Sicht für ein stabiles Markenge-dächtnis, aber auch für die Markenbegehrlichkeit und das Markenvertrauen uner-lässlich (vgl. Häusel 2010, 147).

Herausforderung Luxusmarkenführung

Einerseits wirken vielfältige kulturelle und zeitgebundene Einflüsse auf Luxus-marken besonders nachhaltig, andererseits unterliegt die Form und Ausprägung von Luxusmarken einer beträchtlichen Bandbreite. Kommunikationsrichtlinien müssen sich daher stets individuell auf das Luxusprodukt beziehen und dabei sowohl in ihren Aussagen als auch in ihren Erscheinungsformen das gleiche Interaktionsniveau wie die Markenbotschaft einhalten (vgl. Kolaschnik 2012, 192). Obwohl kein genereller Kommunikationscode existiert, sind einige sich wiederholende Kommunikationsattribute in der Markenkommunikation erkenn-bar. Nach Kolaschnik (2012, 193 ff.) prägen fünf Handlungsebenen die Marken-kommunikation, ergänzt durch Erläuterungen zu speziellen Komponenten der Luxusmarke. Dabei handelt es sich im Bereich der Brand Identity um *Differen-zierung, Positionierung, Gestaltung* und im Bereich der Brand Communications um *Dramatisierung* (transmedial) und *Inszenierung* (medienspezifisch). Daraus lässt sich die Herausforderung der Differenzierung, die sowohl für die klassische Markenkommunikation als auch für die Luxusmarkenkommunikation relevant ist, ableiten. Sie charakterisiert die Positionierung, die rationale Relevanz und den emotionalen Mehrwert, dessen besondere Bedeutung für Luxusmarken be-reits mehrfach angeführt wurde. Die Ebenen Dramatisierung und Inszenierung weisen im Hinblick auf Luxusmarken bereits in die Richtung Brand- und Corpo-rate-Story sowie in Richtung einer mediengerecht adaptierten, speziellen Kom-munikation dieser Stories.

Storytelling in der Luxusmarkenführung

Ist nun daraus schlüssig ableitbar, dass Storytelling als eine der ältesten Kom-munikationsformen der Menschheit die sinnstiftende Komponente einer Marke an ihre Zielgruppe kommunizieren kann? Beziehungsaufbau und Beziehungserhalt waren von jeher in Geschichten eingebettet, da Geschichtenerzählen Emotionalität und dadurch Gemeinsamkeiten schafft. Gute Geschichten haben Kraft sowie das Potenzial, weitergegeben zu werden. Sie sind, vorausgesetzt, sie bleiben stets dem Protagonisten und der Handlung gegenüber authentisch, als mental strukturierendes Organisationskonzept zu bezeichnen (vgl. Simoudis 2004, 11f.).

Nicht unerheblich für die Markenführung von Luxusmarken ist die Verfahrenstechnik des Storytelling, die laut Herbst (2011, 12) mittels dreier wichtiger Komponenten festlegt, WAS erzählt wird, WIE und WOZU Stories erzählt werden, und wie diese im Entscheidungsfall spontane Erinnerung hervorzurufen vermögen. Wenn mit gut erzählten Geschichten Glückshormone im limbischen System freigesetzt werden, ist davon auszugehen, dass derart positiv bewertete Ereignisse im menschlichen Retrieval-System zuverlässig abrufbar abgespeichert werden (vgl. Herbst 2011, 30 ff.).

Besondere Bedeutung kommt auch der Tatsache zu, dass sich zurzeit eine Entwicklung vom emotionalen zum spirituellen, sinnstiftenden Mehrwert vollzieht und dabei Aufgaben und Funktionen von Religion auf die Führung von Luxusmarken übertragen werden (vgl. Kolaschnik 2012, 194).

Herausforderung Storytelling in der Luxusmarkenführung

Aus diesen Ergebnissen lassen sich die Bedingungen ableiten, die eine Geschichte erfüllen muss, um als gute Geschichte zu gelten. Vor allem hat eine starke Emotionalität vorzuliegen, aber auch kausale und chronologische Stringenz muss die Geschichte besitzen und sie sollte in die individuelle Wirklichkeit des Individuums implizierbar sein. Dadurch wird das Belohnungssystem angesprochen, welches das Handeln des Menschen durch Auslösen angenehmer Gefühle steuert (vgl. Herbst 2011, 41). Jener Teil des menschlichen Gehirns, in welchem das narrative Denken erfolgt, stellt Zusammenhänge zwischen Fakten, Emotionen, Rahmenbedingungen, Einstellungen und Handlungsweisen her und eröffnet nach Frenzel et al. (2006, 18) zahllose kreative Möglichkeiten.

Neben der Chronologie und Kausalität einer Geschichte (vgl. Herbst 2011, 83) müssen drei elementaren Bestandteilen, die den meisten Geschichten kultur- und epochenübergreifend innewohnen besondere Beachtung geschenkt werden. So können zumeist Strukturen für den Aufbau einer Geschichte auf die drei Kernelemente Handlung, Handelnde und Bühne zurückgeführt werden (vgl. ebda., 93). Um als Transportmedium für Botschaften zu fungieren, muss die Kernaussage der Marke präzise definiert sein. Nur dann ist es möglich, um diese Kernbotschaft herum variantenreiche Geschichten zu konstruieren. Wobei festzuhalten ist, dass Konzision automatisch bevorzugt wird, da das menschliche Gehirn die Schlichtheit der Komplexität bevorzugt (Fuchs 2009, 38 f.).

Das menschliche Individuum sollte sich Orientierung und Identifikation mit den Handelnden der Geschichte verschaffen können und dadurch soziale Unterstützung erlangen (vgl. Herbst 2011, 93 f.). Deshalb bedienen wir uns standardisierter Darstellungen, zumeist an die Archetypen nach C.G. Jung angelehnt und unterteilen die ProtagonistInnen von Geschichten sinnvoll und strukturierend in Hauptfiguren, Nebenfiguren und Platzhalter (vgl. ebda.). Jung charakterisiert den Archetypus als ein im kollektiven Unterbewusstsein angesiedeltes Urbild menschlicher Vorstellungsmuster.

Ferner dient die Handlung dazu, die Kernbotschaft zu vermitteln, da das Handeln von Menschen immer zielorientiert eine übergeordnete Belohnung verspricht. Somit erzählt eine Geschichte, was wir nachmachen können, um eben zu dieser Belohnung zu kommen (vgl. ebda., 106). Wird die Handlung nach einem Grundmuster aufgebaut, lassen diese Geschichten eine Art Metasprache zu und ermöglichen einen hyperkulturellen Gebrauch von Märchen und Mythen (vgl. Mangold 2003, 26).

Als zusätzliches Element einer Geschichte ist die Zeit zu berücksichtigen, da die zeitliche Dimension die Handlungen in einer Geschichte untermauert und die einzelnen Elemente bzw. Ereignisse so verbindet und eine Dramatisierung und damit Emotionalisierung der Markenbotschaft hervorruft, welche die Kernbotschaft und die Werte der Marke unverkennbar transportiert (vgl. Herbst 2011, 107).

Als dritten bedeutsamen Faktor einer Geschichte stellt sich die Inszenierung an einem angemessenen Ort dar, da die Bühne auf der eine Geschichte spielt wesentlichen Einfluss ausübt, ob und inwieweit das Belohnungsversprechen umgesetzt wird. Um eine Bühne zu schaffen, auf der eine Geschichte als begehrenswert erlebt werden kann, muss diese mittels Requisiten zumeist in Form von Symbolen illustriert werden. Symbole sind wie Archetypen oder auch Mythen im menschlichen Unterbewusstsein verankert und besitzen eine universelle Fähigkeit von allen Menschen, ähnlich interpretiert zu werden (vgl. ebda., 116 f.).

Die Frage, ob und welche Möglichkeiten existieren, eine Luxusmarke für die Zielgruppe mit positiven Emotionen aufzuladen, kann hiermit bereits durch die bisherigen Ergebnisse der Literaturrecherche beantwortet werden. Hat die Markenführung von Luxusmarken vorrangig die Aufgabe, Begehrlichkeit zu wecken und die Erfüllung des Begehrens zu versprechen, so stellt die Verwendung von Geschichten mit ihren zutiefst im Unterbewusstsein verinnerlichten Elementen Archetypus, Mythos und Symbolik eine exzellente Möglichkeit dar, die marketing- und positionierungsstrategischen Ziele des Unternehmens zu erreichen.

Methodisches Vorgehen

Grundlage der vorliegenden Untersuchung sind Interviews mit zehn ExpertInnen aus den Bereichen Markenführung, Markenberatung, Neuromarketing und Markendramaturgie gewählt. Die Auswahl unterschiedlicher Branchen bei den MarkenführerInnen soll vermeiden, dass die Ergebnisse zu branchenspezifisch werden. Bei den befragten ExpertInnen handelte es sich mehrheitlich um BeraterInnen, da die Kooperationsbereitschaft namhafter Luxusmarkenführer nicht gegeben war. Bei der Auswahl der InterviewpartnerInnen wurden folgende Kriterien angewandt:

Tabelle 13: Einschlusskriterien/Ausschlusskriterien zur Auswahl von InterviewpartnerInnen, eigene Darstellung

Einschlusskriterien	Ausschlusskriterien
Markenverantwortliche von Unternehmen, die Luxusmarken produzieren/mit Luxusmarken handeln	Markenverantwortliche von Unternehmen, die Erzeugnisse produzieren/handeln, welche nicht der Definition Luxusmarke entsprechen
LuxusmarkenführerInnen aus einem Mix folgender Branchen: Motorboote, Automobilindustrie, Spitzengastronomie, Mode, Interieur	LuxusmarkenführerInnen, die den bereits ausgewählten Branchen angehören
Externe BeraterInnen, die sich bereits intensiv (Publikationen, Vorlesungen, Lehrtätigkeit) mit dem Thema Storytelling und Markenführung auseinandergesetzt haben	Externe BeraterInnen, die auf dem Gebiet des Marketings tätig sind, sich jedoch mit Storytelling nicht auseinandersetzen

Tabelle 14: Überblick InterviewpartnerInnen

BeraterInnen	Markenverantwortliche
Mag. Doris Berger, „das brandconcept", Linz/Oberösterreich, Markenführung	Mag. Stefan Frauscher, Bootswerft Frauscher/Gmunden, Gesellschafter und CEO
Dr. Werner T. Fuchs, Propeller Marketingdesign, Hünenberg/Schweiz, Storytelling	Mag. Helmut Peter, Hotel Weißes Rössl/ St. Wolfgang, Altwirt
Dr. Hans-Georg Häusel, Dipl.-Psychologe, Vorstand der Unternehmensberatung Gruppe Nymphenburg/München, Neuromarketing	Stefan Rettenbacher, Porsche Salzburg/Markenleitung Porsche
Manfred Maureder, Agentur Maureder & Fredmansky/Linz, Markenführung	
Dr. Christian Mikunda, Wien, Berater für strategische Dramaturgie und Unternehmensberater, Dramaturgie und Inszenierung	
Mag. Dr. Christof Schumacher, c+m consulting/Wels, Vorstand Fachgruppe Werbung Oberösterreich, Markenführung	
Dr. Robert Trasser, Markenberatung Trasser/Innsbruck, Markenführung	

Meuser und Nagl (1991, 443) definieren das ExpertInneninterview als Gesprächsform mit Personen, die „[...] als Träger von bestimmten, mit der Fragestellung in enger Verbindung stehenden Funktionen verstanden werden, deren gemeinsam geteiltes Wissen eine theoriegeleitete thematische Ordnung der Interviewäußerungen ermöglicht". Darüber hinaus wird ein Experte im Zusammenhang mit der Aufklärung über objektive Tatbestände zu einem bestimmten Themenausschnitt „[...] in erster Linie als Ratgeber bezeichnet, der über ein bestimmtes, dem Forscher nicht zugängliches Fachwissen verfügt". (Bogner et al. 2009, 100 f.).

Die Interviews wurden im Zeitraum von 23. Jänner 2013 bis 27. März 2013 grundsätzlich persönlich, vor Ort und in zwei Fällen telefonisch geführt. Die Interviewlänge variiert zwischen 45 und 90 Minuten.

Die Dokumentation erfolgte mittels wörtlicher Transkription. Dabei wurden sämtliche Daten der InterviewpartnerInnen anonymisiert. Die Analysemethode erfolgte auf Basis der zusammenfassenden Inhaltsanalyse nach Mayring (2003), die eine Reduktion des Materials unter Erhaltung der wesentlichen Inhalte zum Ziel hat (vgl. Kuckartz 2010, 92 ff.). Die Inhaltsanalyse wurde computergestützt mittels MAXQDA (Students Version, 2011) durchgeführt.

Forschungsergebnisse im Überblick

Folgendes Kapitel widmet sich der Darstellung jener Ergebnisse der ExpertInneninterviews, welche die Luxusmarkenführung in ihren Grundsätzen beschreiben. Als Kernpunkte zeigen sich dabei die Relevanz der Emotionalisierung einer Luxusmarke sowie die konkrete Identifikation der AdressatInnen.

Grundsätze der Markenführung

Befragt nach den Grundsätzen der Luxusmarkenführung verdeutlichen die ExpertInnen, dass eine Marke der Abgrenzung und der Orientierung der KonsumentInnen dienen muss, wobei die Kernbotschaft der Marke Authentizität und Glaubwürdigkeit vermittelt und immer ersichtlich sein muss. Die Einzigartigkeit darf nie aus den Augen verloren werden. Zahlen, Daten und Fakten sind mit der richtigen Portion Emotion zu versehen, womit jedoch die Marke nicht durch eine einzige Eigenschaft die Alleinstellung erreichen sollte. Eine multikodierte Marke hat wesentlich bessere Chancen als große Marke auf dem Markt langfristig zu bestehen. Dabei werden Eigenheiten von Marken in Kauf genommen. Kleine Schwächen werden akzeptiert, wenn sie Teil der Markengeschichte sind, was sogar der Alleinstellung der Marke nützen kann. Das Beseitigen eigenwilliger Schwächen einer Marke (z. B. lange Reparaturzeiten bei Luxusarmbanduhren) kann sich sogar negativ auf die Markenführung auswirken, wenn diese Schwäche schon ein Teil des Markenkultes geworden ist.

Sieben der Befragten erwähnen, dass die Markenkommunikation zwar beim Absender, die Markeninterpretation aber beim Adressaten liegt. Die KonsumentInnen sind somit nicht nur als AdressatInnen für die Botschaften der Marken anzusehen, sondern gleichsam als MitgestalterInnen.

Unterscheidung Markenführung von Konsummarken vs. Luxusmarken

Die ExpertInnen sind der Meinung, dass die Führung von Luxusmarken in manchen Bereichen anderen Gesetzmäßigkeiten folgt als jene von Konsummarken.

111

Die Unterscheidungsmerkmale sind dabei ein unterschiedlicher Instrumentenein-satz und eine verstärkte Emotionalisierung bei Luxusmarken. Jede Marke muss Gefühle bei den AdressatenInnen der Markenbotschaft hervorrufen, im Fall von Luxusprodukten sogar Hochgefühle bewirken. Transparent wird dies bei den Flagshipstores der Luxusmarken, wodurch der Marke und ihren Produkten eine Kultstätte errichtet wird. Die KonsumentInnen sollen die Marke ‚bei sich zu Hause' besuchen. Dem Point of Sale (POS) kommt eine besondere Bedeutung zu, weil besonders LuxusmarkenkundInnen großen Wert darauf legen, am POS große Aufmerksamkeit und besondere Wertschätzung zu erfahren. Die Marke selbst muss in der Lage sein, diese Brand Scripts aufzunehmen.

Emotion in der Luxusmarkenführung

Befragt nach der Wichtigkeit der Emotion in der Luxusmarkenführung bestäti-gen alle befragten ExpertInnen, dass zwar eine emotionale Belegung durch Emo-tionen für die Markenführung generell wichtig ist, dies jedoch in noch weit höhe-rem Ausmaß bei der Luxusmarkenführung zutrifft. Individualität und Exklusivi-tät stellen die Leitmotive bei der Kaufentscheidung von Luxusmarken dar, wobei die Attraktivität einer Luxusmarke zum großen Teil aus der Unerreichbarkeit entsteht. Durch die gesteigerte Begehrlichkeit der Marke wird die Individualität der KäuferInnen unterstrichen. Das sogenannte Glory-Hochgefühl spielt bei Luxusmarken eine große Rolle, wobei eine Kombination dieses Hochgefühls mit anderen Emotionen in gewisser Weise eine emotionale Entlastung bedeutet.

Verliert eine Luxusmarke jedoch diese Exklusivität der Unerreichbarkeit, wird ihr dauerhaftes Bestehen nicht als gesichert angesehen. Im Luxusmarken-segment gilt ein hoher Preis also nicht nur als Folge hochwertiger Verarbeitung von edlen Materialien, als Verkaufsargument, sondern ist ein Garant für den Erhalt der Unerreichbarkeit und Begehrlichkeit. Zudem aktiviert der hohe Preis das Belohnungssystem im Menschen und ist für die LuxusmarkenkundInnen ein Bestandteil der Marke, der sicherstellt, dass das Produkt nicht von jeder bzw. jedem gekauft werden kann.

Zielgruppenansprache

Es gibt viele Beweggründe, Produkte oder Dienstleistungen einer Luxusmarke zu erwerben, doch gibt es zwei Zielgruppen, die innerhalb einer ersten Unter-scheidung von den ExpertInnen definiert werden. Da ist erstens die Gruppe derer, die sich Luxusmarken aus einer hauptsächlich extrinsischen Motivation leistet und für die es wichtig ist, den Besitz bzw. den Erwerb dieses Luxusproduktes auch zur Schau zu tragen. Zweitens existiert jene Gruppe, die Teil der Community sein will, die intrinsisch motiviert den Luxus besitzen möchte. Darum wurde mit den ExpertInnen erarbeitet, ob es eine Möglichkeit gibt, mittels Storytelling beide Zielgruppen anzusprechen, ob zwei unterschiedliche Geschichten erzählt werden müssen, oder ob es reicht, eine der beiden Gruppen als Adressatin für das Storytelling zu definieren.

Die ExpertInnen waren sich einig, dass gutes Storytelling sich auf eine Zielgruppe konzentrieren muss bzw. soll. Dabei sahen alle die Gruppe der Community-Mitglieder als die Zielgruppe, auf die das Storytelling auszurichten ist. Diese möchte die Geschichte der Marke, die Mythen und ihre Symbole in der Markenkommunikation finden, um sich mit der Marke identifizieren zu können. Dementsprechend erfolgen eine Emotionalisierung der AdressatInnen und eine starke Identifikation mit der Marke.

Gerade im Bereich der Abgrenzung der verschiedenen Zielgruppen wurde das Storytelling als Kommunikationstool mit großem Potenzial bewertet. Die Story muss so erzählt werden, dass der Preis unsichtbar wird, denn diese Unsichtbarkeit des Preises verschweißt diese Klientel wieder untereinander und ermöglicht die Abgrenzung der Community.

Bedeutung von Storytelling in der Markenführung

Basis für gutes Storytelling ist eine erzählenswerte Geschichte. Zu erörtern gilt, ob diese Geschichte aus der Markenhistorie entstammen soll, oder ob sie neu zu konstruieren ist. Als einer der Kardinalfehler im Storytelling wird von den ExpertInnen angegeben gleich alles in eine Geschichte verpacken zu wollen. Die wichtigste Überlegung für gutes Storytelling ist festzulegen, welche Grundelemente einer guten Geschichte wie und wo eingesetzt werden sollen. Fernerhin ist auf den Bedeutungsinhalt für die AdressatInnen zu achten. Trifft die Story den Bedeutungskontext für die Markenklientel nicht, ist diese damit auch nicht zu erreichen. Storytelling wird als große Chance in der Markenführung gesehen. Wer eine authentische und stimmige Geschichte erzählt, kann dadurch einen entsprechenden Platz in den Medien einnehmen. Auch mit relativ kleinem Marketingbudget bietet Storytelling große Chancen zu bedeutender Medienpräsenz. Obendrein soll Storytelling unterhalten und damit den AdressatInnen Freude bereiten.

Bedeutung von Kindheitsprägungen für erfolgreiches Storytelling

In der Literatur wird unter anderem darauf verwiesen, dass für erfolgreiches Storytelling bei charismatischen Erstprägungen in Kindheit und Jugend anzusetzen ist, was auch von allen ExpertInnen bestätigt wird. Zwar nicht zwingend erforderlich, führt der Bezug zu Erstprägungen zu einer hohen Emotionalisierung und bewirkt einen wesentlich größeren Erinnerungswert. Doch auch in diesem Zusammenhang muss die Authentizität und Aufrichtigkeit stets beachtet werden, weil dies die Verständlichkeit der Geschichten erhöht. Der befragte Neuromarketingspezialist präzisiert, dass diese Brain-Scripts einer Erstprägung fast ausschließlich mit Archetypen in Zusammenhang stehen. Gerade im Luxusmarkensegment wird an Brain-Scripts angeknüpft, die unabhängig von den Rahmenbedingungen der Kindheit Teil menschlicher Sehnsüchte sind. Oft handelt es sich dabei um Produkte, die Ausdruck für Freiheit, Unabhängigkeit oder Abenteuergeist darstellen.

Bedeutung von Archetypen im Storytelling von Luxusmarken

Befragt nach den Einsatzmöglichkeiten von Archetypen im Storytelling von Luxusmarken bezeichneten die ExpertInnen aus dem Bereich der BeraterInnen den Einsatz von Archetypen zur Anknüpfung an die Kindheit geeignet, warnten aber gleichzeitig davor, diese Vorgehensweise unüberlegt überzustrapazieren. Weiters betonen diese ExpertInnen die Notwendigkeit, dass der zum Einsatz kommende Typus ein positiv besetzter Charakter sein sollte. Tragische Charakterzüge zum Spannungsaufbau der Geschichte und zur Emotionalisierung der Menschen hätten sich ihren Angaben nach dahingehend bewährt. Archetypen gelten als zeitlos und global, tragen wesentlich zur Verständlichkeit einer Geschichte bei und bewirken eine verstärkte Emotionalisierung.

Drei dieser ExpertInnen sehen allerdings durch veränderte Werthaltungen der Gesellschaft zu bestimmten zeitgebundenen Archetypen eine große Gefahr und raten von der Verwendung von Archetypen ab. Zu resümieren ist, dass archetypische Charaktere als Teil der Grundgeschichte sehr bedacht zum Einsatz kommen sollten, jedoch beim Weitererzählen der Markengeschichte für einzelne Abschnitte erfolgversprechend sein können. Eine konkrete Definition des Typus ohne Unschärfen kann eine klare Positionierung bewirken, und direkt mit Emotion aufgeladen werden.

Bedeutung von Mythen und Symbolen im Storytelling

Dem Einsatz von Mythen und Symbolen im Storytelling zur Markenführung wird eine große Bedeutung beigemessen. Es sind die Mythen, die der Marke eine Seele geben. Dabei können die Mythen aus der Entstehungsgeschichte der Marke selbst kommen, sie können im Laufe der Markengeschichte entstanden sein, oder es handelt sich um eine Kombination aus beidem.

Die ExpertInnen sind übereinstimmend der Meinung, dass sich der Einsatz von Mythen sehr gut eignet, um das Storytelling erlebbar und nachvollziehbar zu machen, da Mythen in die Vergangenheit reichen können, aber auch einen Stellenwert in der Gegenwart und für die Zukunft besitzen. Besonders im Luxusmarkensegment besitzen Mythen in Geschichten gewaltige Kraft. Der Erinnerungswert kann durch Mythen in bedeutendem Ausmaß gesteigert werden und sie können wesentlich zur Emotionalisierung einer Marke beitragen.

Die Verwendung von Mythen wird durch den Einsatz von Symbolen unterstützt bzw. verstärkt. Speziell beim Branding wird laut ExpertInnen sehr stark mit Symbolen gearbeitet, weshalb die Bedeutung dieser Symbole als wichtiger Faktor genau zu analysieren ist. Mittels Symbolen können auf einfache Art und Weise Zeitreisen und Ortswechsel vorgenommen werden. Mythen und Symbole sind im Storytelling wichtige Hilfsmittel, die zur Verständlichkeit und Begreifbarkeit der erzählten Geschichte einen wesentlichen Beitrag leisten können. Besonders streichen die ExpertInnen heraus, dass gerade im Luxusmarkensegment Mythen eine große Bedeutung beigemessen wird und der Mythos der Markengründung bzw. der Entwicklung der Markengeschichte wesentlich zur Entwicklung der Luxusmarken beiträgt. Wenn es gelingt, diesen Mythos im Storytelling weiter fortzuschreiben wird die Luxusmarke immer wieder neu aufgeladen und behält für die KonsumentInnen die Spannung. Im Gegensatz zu Archetypen bergen Mythen nicht die Gefahr, durch die gesellschaftliche Veränderungen obsolet zu werden.

Wertevermittlung mittels Storytelling

Wie kann Storytelling zur Vermittlung der Werte von hochwertiger Verarbeitung und Materialien eingesetzt werden? Ist das für die Geschichte von Bedeutung? Bei der Beantwortung dieser Frage waren sich die ExpertInnen einig, dass die Geschichten, die erzählt werden, auch einen Bezug zur Hochwertigkeit der Produktion oder der Dienstleistung herstellen sollen. Das Potenzial des Storytellings, die Luxusmarke hochwertig zu positionieren, wird von allen ExpertInnen als bedeutsam eingestuft. In einer Geschichte verpackt, können den AdressatInnen diese Vorzüge nahegebracht und somit die Einzigartigkeit des Produktes unterstrichen werden.

Gerade in der heutigen Zeit wird besonders viel Augenmerk auf die Herkunft der Materialien und eine traditionelle, hochwertige Verarbeitung gelegt, da eine Rückbesinnung auf traditionelle Werte stattfindet. Die Entwicklung des Handwerks bietet dementsprechend besonders viele Möglichkeiten, sich auf Mythen und Geschichten der Vergangenheit zu beziehen und darauf mit neuen Geschichten aufzubauen. Da ein Großteil der Luxusmarken in ihrer Produktion auf handwerkliche Tradition zurückgreifen kann, ist es empfehlenswert, der Hochwertigkeit des Handwerks in der Geschichte ausreichend Raum zu geben. Im Storytelling sehen die Befragten das Potenzial, dass diese Historie mit der modernen Entwicklung in der Gegenwart kombiniert einen emotionalen Spannungsbogen aufbaut. Dieser dient wiederum der positiven Aufladung der Marke und der Emotionalisierung.

Auch wenn bei Luxusmarken Qualität selbstverständlich vorausgesetzt wird, ist Storytelling eine ausgezeichnete Möglichkeit, die Hochwertigkeit der Produkte und Dienstleistungen zu kommunizieren. Geschichten aus der Vergangenheit sind demnach hervorragend dazu geeignet, die außergewöhnliche Qualität von Produkten darzustellen. Allerdings sehen die ExpertInnen in der Nutzung der historischen Markengeschichte nur *eine* der zahlreichen Möglichkeiten, die Marke aufzuladen. Zudem ist zu beobachten, dass Luxusmarken die Kunst benutzen, um sich mit Professionalität und Kreativität aufzuladen. Durch das Zusammenspiel von Markenführung und Kunst ergeben sich laut ExpertInnen ganz neue Geschichten, die im Storytelling entsprechend eingesetzt bzw. verwertet werden können.

Potenzial des Einsatzes der Markenhistorie im Storytelling

Der Bezug auf die Markenhistorie bietet sich vor allem dadurch an, dass sehr viele Luxusmarken auf eine bewegte Geschichte zurückblicken können. Die ExpertInnen waren sich einig, dass die historische Markengeschichte großes Potenzial für das Storytelling bietet. Unterschiedliche Meinungen gab es jedoch zu deren Umsetzung. So sahen zwei der ExpertInnen die Markenhistorie als „einzig wahre Geschichte", auf die das gesamte Storytelling aufzubauen ist. Ein weiterer Experte betonte, den geschichtlichen Aspekt nur dann einfließen zu lassen, „wenn es dafür eine starke Begründung gibt". Als wichtig gaben die ExpertInnen auch an, dass die historische Grundgeschichte der Luxusmarke zeitgemäß übersetzt wird und deshalb Storys regelmäßig neu erzählt werden müssen.

Wenn die Chance vorhanden ist, dass die Marke historische Kerne hat, die in der Jetztzeit emotional aufgeladen werden können, dann sollte sie genützt werden. Jede neu erzählte Geschichte muss allerdings an die bestehende Markengeschichte anschlussfähig sein, da die Aufladung der Marke darauf basiert. Dies zu vernachlässigen, bezeichnen die ExpertInnen als ein „Ungenutztlassen" großer Möglichkeiten für die Markenführung.

Die Relevanz der Bezugnahme auf die Markenhistorie wird von den ExpertInnen auch in Zusammenhang mit den KundInnen erwähnt. Meist sei die Herkunftsgeschichte von großer Bedeutung, doch gäbe es auch KundInnen, für die eine derartige Geschichte nur eine untergeordnete Rolle spiele. Die Befragten waren sich einig, dass eine lange Markengeschichte Sicherheit und Beständigkeit vermittelt. Eine Marke etwa, die bereits Wirtschaftskrisen und Weltkriege überlebt hat und mit ihrer Qualität immer noch auf dem Luxusmarkt bestehen kann, gibt den KonsumentInnen Vertrauen und Sicherheit.

Wenn die betreffende Luxusmarke in der Vergangenheit auch noch mit Konkurrenz bzw. Rückschlägen zurechtkommen musste, sehen die ExpertInnen darin besonders großes Potenzial, diese Geschichten im Storytelling einzubauen, zu nützen und auch neu zu interpretieren. Besonderes Vertrauen und eine besondere Bindung wird von den ExpertInnen bei jenen Marken gesehen, die aus einer langen Firmentradition gewachsen sind und immer noch als Familienbetrieb existieren.

Potenzial von Storytelling bei der Markenpositionierung neugegründeter Luxusmarken

Aufgrund der aktuellen Entwicklung, dass gehobenes Handwerk zunehmend an Stellenwert gewinnt, stellt sich die Frage, ob Storytelling Potenzial für NeugründerInnen bzw. kleine Handwerksbetriebe birgt, die Luxusprodukte herstellen, und welche Faktoren dabei berücksichtigt werden müssen.

Alle ExpertInnen waren sich darin einig, dass Storytelling gerade für die oben erwähnten MarkenführerInnen großes Potenzial besitzt. Es gibt zwar keine historische Geschichte, die immer wieder aufgegriffen werden kann, dadurch erhöht sich jedoch der Handlungsspielraum beim Erzählen der Markengeschichte. Als Ergebnis der Interviews kann festgehalten werden, dass es drei Komponenten sind, auf die dabei geachtet werden sollte. Der erste Faktor ist die Notwendigkeit, die Ästhetik der Marke zu definieren, der zweite ist die Geschichte der Produktherstellung und als dritten Aspekt gilt es die Frage nach der Herkunft der Materialien zu klären. Die Antworten auf diese zentralen Fragen lassen sich mittels Storytelling authentisch und spannend verpacken.

117

Als überaus wichtigen Faktor für die Geschichte, bezeichnen die ExpertInnen die Authentizität der FirmengründerInnen. Geschichten werden dann als besonders spannend und emotional wahrgenommen, faszinieren und machen neugierig, wenn sich die/der FirmengründerIn authentisch präsentiert.

Steigerung der Begehrlichkeit

Über die Tatsache, dass Storytelling Potenzial zur Steigerung der Begehrlichkeit einer Luxusmarke hat, waren sich alle ExpertInnen einig. Hier ist es wichtig, dass die Geschichten, die erzählt werden, immer wieder die Kernbotschaft der Marke vermitteln, ohne dabei langweilig zu werden. Diese Kernbotschaft bewirkt nach Ansicht der ExpertInnen den Imagetransfer von der Marke zu den KonsumentInnen. Die Emotionalität, die durch Storytelling zusätzlich gesteigert werden kann, spielt dabei eine zentrale Rolle. Damit dieses Potenzial optimal genützt werden kann, fordern die ExpertInnen die Nachvollziehbarkeit der Geschichte ein. Nachvollziehbarkeit ermöglicht, dass die Geschichte im Kopf der KonsumentInnen illustriert werden kann. Eine große Marke inszeniert sich somit wie ein großes Abenteuer.

Dadurch sei gewährleistet, dass die Identifikation und der Imagetransfer stattfinden, aber die Marke für die Bezugsgruppe nie langweilig wird. Als besonders geeigneten Ort, die Begehrlichkeit durch Storytelling zu erhöhen, wurde in diesem Zusammenhang auch der POS genannt. Dem POS wird von den ExpertInnen nicht nur die Möglichkeit der Interaktion mit den KonsumentInnen zugeschrieben, am POS würden auch Geschichten erzählt und inszeniert. Die Begehrlichkeit des Produktes wird erhöht, indem es zum ‚Helden' der Geschichte gemacht wird. Aber gerade im Luxusmarkensegment wird diese Begehrlichkeit auch mit dem Instrument der Beschränkung erzeugt. Durch Beschränkung ihrer Verfügbarkeit wird der imaginäre Wert der Marke, die Begehrlichkeit, noch weiter gesteigert und der Mythos erhöht.

Interaktion mit den KonsumentInnen mittels Storytelling

Die ExpertInnen sahen drei Möglichkeiten mittels Storytelling in Interaktion mit den KundInnen zu treten. Einerseits handelt es sich um den Social Media Bereich, denn dieser bietet eine große Plattform zur Kommunikation und eröffnet auch die Möglichkeit, wieder neue Geschichten zu generieren. Geschichten, die von den KonsumentInnen erzählt, wiederum in das Storytelling der Markenführung integriert werden können.

Die zweite Möglichkeit für Interaktion sehen die ExpertInnen beim Verkaufsgespräch. Diesem wurde das größte Potenzial eingeräumt. Dazu ist es jedoch erforderlich, dass alle MitarbeiterInnen die gleichen Geschichten erzählen und in das Storytelling der Marke involviert sind. Jede/jeder muss wissen, welche Kernbotschaft vermittelt und welche Geschichten dazu erzählt werden sollen.

Die dritte Möglichkeit der Interaktion räumten die ExpertInnen dem Einsatz im Eventbereich ein. Dieser bietet beträchtliche Chancen, die Kernbotschaft in Geschichten zu inszenieren. Dabei ist nicht immer ein großes Budget notwendig, denn mit einer gut erzählten Geschichte, welche die Kernbotschaft der Marke transportiert, können auch mit geringeren Mitteln ein hoher Erinnerungswert und ein großer Belohnungsfaktor erzielt werden. Events eignen sich ebenfalls sehr gut, um die KundInnen in die Geschichte einzubinden und dadurch einen Imagetransfer auszulösen.

Einbindung von Testimonials im Storytelling

Dem Einsatz von Testimonials in der Luxusmarkenführung, im Speziellen beim Storytelling, wird von den ExpertInnen eine eher geringe Bedeutung beigemessen. Da es sich bei Luxusmarken um Produkte handelt, die ohnehin nur für eine kleine Gruppe erschwinglich sind, wird vom kostspieligen Einsatz von Testimonials abgeraten. Hier sehen die ExpertInnen eher die Gefahr, dass durch Skandale das Image eines Testimonials leidet bzw. vice versa. Die ExpertInnen sind außerdem der Ansicht, dass es sich beim Einsatz von Testimonials um Personen handeln muss, denen eine gewisse mythische Verehrung entgegengebracht wird, oder die eine spezielle Philosophie verkörpern und dadurch ein besonderes Versprechen abgeben.

Durch den starken Bezug zur Markengeschichte wurde mehrfach die/der GründerIn bzw. die/der SchöpferIn der Marke als am besten geeignet genannt die Testimonial-Rolle für Luxusmarken zu übernehmen. . Sie/er kann im Storytelling authentisch eingesetzt werden, weil hier die Identifikation mit der Marke naturgemäß am größten ist und mittels Imagetransfer auf die AdressatInnen übertragen werden kann.Vom Einsatz eines Testimonials wird abgeraten, wenn dies den Anschein erwecken könnte, dass die Luxusmarke selbst zu wenig Substanz und Energie besitzt und deshalb auf das Image des Testimonials zurückgreifen muss. Der Versuch, die Attraktivität, die eine Person tatsächlich oder vermeintlich hat, auf das Produkt zu übertragen, ist nach Einschätzung der ExpertInnen in Wahrheit das Zugeständnis, dass die Marke selbst nicht attraktiv genug ist.

Zusammenfassung: Potenziale von Storytelling in der Luxusmarkenführung

Damit Marken von den KonsumentInnen wahrgenommen werden, wird mit zahlreichen Mitteln versucht, eine Abgrenzung von Konkurrenzprodukten zu erreichen. Darin besteht das eigentliche Ziel einer Marke bzw. der Markenführung. Durch besondere Merkmale bzw. Botschaften, welche die Kernbotschaft einer Marke transportieren, erzeugt die Marke die erforderliche Differenzierbarkeit und Vertrauenswürdigkeit. Diese sollen ein Produkt oder eine Leistung aus der Menge hervorheben und die KonsumentInnen in ihrer Kaufentscheidung unterstützen, gleichsam eine *Markierung* setzen. Neben dieser unterscheidungsfähigen Markierung muss die Marke auch ein Qualitätsversprechen am Markt beinhalten, das eine nutzenstiftende Wirkung erzeugt und bei der relevanten Zielgruppe die individuellen Erwartungen erfüllt (vgl. Bruhn 2002, 18).

Um diese Voraussetzungen erfüllen zu können, benötigt eine Marke in erster Linie eine authentische Kernbotschaft, die in der Markenführung unmissverständlich herausgearbeitet und in der Markenkommunikation transportiert werden muss. Ist dieser Imagetransfer bereits bei der Markenführung von Konsummarken von großer Bedeutung, so ist er in der Luxusmarkenführung eine absolute Voraussetzung für den Erfolg der Marke.

Die besondere Herausforderung in der Luxusmarkenführung liegt darin, dass es sich hier um Produktmerkmale handelt, die über das Notwendige hinausgehen. Die Literaturrecherche hat ergeben, dass sich die Methode des Storytelling als geeignet erweist, wenn es um die Anforderung geht, den emotionalen Nutzen einer Marke herauszustreichen. Geschichten wirken, indem sie sich die Eigenschaften des Menschen zunutze machen, Erlerntes in Geschichten abzuspeichern. Dadurch wird die Botschaft leichter und schneller abrufbar. Durch das Verpacken von Information in einer Geschichte erfolgt ein Zusammenführen von emotionalen Inhalten. Der Mensch versteht die Welt, indem er Ereignisse kausal verbindet sowie chronologisch sortiert und folgt dabei dem klassischen chronologischen Aufbau einer Geschichte.

Aus der Literatur wurden des Weiteren drei Kernelemente des Storytellings erarbeitet. Dabei handelt es sich um die *Handelnden*, die *Handlung* und die *Bühne*. Es herrscht unter den ExpertInnen keine Einigkeit darüber, ob diese Kernelemente überhaupt eine große Bedeutung für das Storytelling haben, bzw. ob es ein Element gibt, dem ganz besondere Bedeutung im Bereich Luxusmarken beizumessen sei. Den Kernelementen wurde ein wechselnder Stellenwert zugesprochen. Viel mehr Bedeutung wird der Wahrheit der Geschichte und der Freude (Belohnung), die sie für die AdressatInnen bietet, beigemessen.

Außerdem weist eine große Fülle an Literatur zum Thema Storytelling darauf hin, dass der Methode des Storytellings gerade in den letzten Jahren große

Aufmerksamkeit geschenkt wird. Viele AutorInnen sehen sowohl die Kompetenz als auch Performanz des Storytellings und deren Einsatz im internen wie auch externen Wissenstransfer eines Unternehmens – intern wie auch extern. Obwohl zahlreiche Publikationen über Storytelling existieren, wird in der Literatur das Thema im Zusammenhang mit Markenführung im eigentlichen Sinn meist nur rudimentär erwähnt.

Storytelling ist nicht nur geeignet, um einen Wissenstransfer innerhalb eines Unternehmens zu optimieren. Durch Erkenntnisse der Neurowissenschaft wird die Wirksamkeit von Geschichten bestätigt. Die Markenführung macht sich dabei das Potenzial einer großen emotionalen Aufladung der Marke durch Storytelling zu Nutze. Luxusmarken bedürfen einer noch intensiveren Emotionalisierung und verfügen oft über eine mythische Markengeschichte, die in die Konzeptionierung von Storytelling einfließen soll. Geschichten werden schnell und kulturübergreifend verstanden und können an den Erstprägungen aus Kindheit und Jugend anknüpfen. Dadurch wird das Vertrauen in die Marke gesteigert.

Um die Möglichkeiten, die Storytelling in der Luxusmarkenführung bietet, nutzen zu können, ist es jedoch erforderlich, dass die Geschichten, die erzählt werden, gut durchdacht sind und der kausale und chronologische Ablauf berücksichtigt wird. Der Einsatz von Archetypen erleichtert die Verankerung einer Geschichte in einer gewünschten Zeitepoche oder auf einer entsprechenden Bühne. Vor allem muss aber der Markenkern authentisch widergespiegelt werden. Die Kernelemente einer Geschichte sind für den Aufbau zwar wichtig, jedoch ist auf die kausale und chronologische Abfolge weit mehr zu achten. Jede Geschichte braucht diese beiden Faktoren, um verstanden zu werden.

Aus der eigenen Untersuchung lassen sich Storytelling-Potenziale besonders durch den Einsatz von Mythen und Symbolen ausschöpfen, da es oftmals Mythen sind, die der Marke eine Seele geben. Diese Mythen ergeben sich sehr oft aus der Markenhistorie selbst und können durch den Einsatz von Symbolen verstärkt werden, bzw. zu einer weiteren Emotionalisierung beitragen. Im Gegensatz dazu brachte die Auswertung der Interviewergebnisse die Erkenntnis, dass der Einsatz von Archetypen auch Gefahren birgt. Durch die geänderte Einstellung der Gesellschaft zum verwendeten Archetypus könnte der Imagewandel eine Gefahr darstellen.

Potenzial, die eigene Markenhistorie im Storytelling zum Einsatz zu bringen, wird von den ExpertInnen darin gesehen, dass die meisten Luxusmarken auf eine bewegte Geschichte zurückblicken können. Dieses Potenzial wird jedoch nur vielversprechend genutzt, wenn die Geschichte der Luxusmarke im Storytelling zeitgemäß übersetzt wird. Großes Potenzial in der Markenhistorie sahen die ExpertInnen vor allem bei Marken, die bereits krisenhafte Ereignisse wie Wirtschaftskrisen und Kriege überlebt haben, das gibt den KonsumentInnen Vertrauen und Sicherheit.

Weiter ergab die eigene Forschung, dass die Methode des Storytellings das Potenzial zur Steigerung der Begehrlichkeit hat. Darüber waren sich alle befragten ExpertInnen einig. Um dieses Potenzial zu nützen, ist es wichtig, in der Anwendung des Storytellings darauf zu achten, dass die Kernbotschaft der Marke immer erkennbar bleibt, da diese maßgeblich für den gewünschten Imagetransfer wichtig ist. Dabei wurde von ExpertInnen besonders der Point of Sale als geeignet angegeben, um die Begehrlichkeit mittels Storytelling zu erhöhen. Hier können die Geschichten, die erzählt werden, nicht nur visuell umgesetzt werden, sondern es besteht auch die Möglichkeit der Interaktion mit den KonsumentInnen.

Zusammenfassend lässt sich feststellen, dass die Methode des Storytellings dann Potenziale in der Luxusmarkenführung besitzt, wenn die Authentizität der Marke und der Transfer der Kernbotschaft gewährleistet sind. Genauso ist auf Kausalität und Chronologie in der erzählten Geschichte zu achten. Besondere Potenziale werden sowohl in der Literatur als auch aufgrund der eigenen Forschungserrgebnisse in der Erhöhung der Begehrlichkeit, im Einsatz der Markenhistorie sowie im Einsatz von Mythen und Symbolen gesehen. Alle erläuterten Potenziale können jedoch nur genutzt werden, wenn die erzählte Geschichte gut konzipiert und über alle Kommunikationskanäle stringent erzählt wird.

Literatur

Bruhn, Manfred /(2002): Was ist Marke? Aktualisierung der Definition Marke. Basel/Berlin: WWZ

Burmann, Christoph und Verena König: Einführung zur identitätsbasierten Luxusmarkenführung In: Burmann, Christoph und Verena König und Jörg Meurer (Hrsg.) (2012): Identitätsbasierte Luxusmarkenführung, Grundlagen-Strategien-Controlling, Wiesbaden: Springer-Gabler, S. 3-12

Büttner, Miriam und Frank Huber und Stefanie Regier und Kai Vollhardt (2008): Phänomen Luxusmarke, Wiesbaden: Springer-Gabler-Verlag

Dubois, Bernard und Gilles Laurent und SandorCzellar (2001): Consumer rapport to luxury. Analyzing complex and ambivalent attitudes, Working paper 736, HEC, Jouyen-Josas

Frenzel, Karolina und Michael Müller und Hermann Sottong (2006): Storytelling. Das Praxisbuch, München: Carl Hanser Verlag

Fuchs, Werner T. (2009): Warum das Gehirn Geschichten liebt, Freiburg: Haufe Lexware

Gutjahr, Gert (2011): Markenpsychologie. Wie Marken wirken – Was Marken stark macht, Wiesbaden: Gabler Verlag / Springer Fachmedien

Häusel, Hans-Georg (2012): Neuromarketing, Erkenntnisse der Hirnforschung in Marken-führung, Werbung und Verkauf, Freiburg: Haufe-Lexware

Häusel, Hans-Georg (2010): Think Limbic!, Die Macht des Unbewussten verstehen und nutzen für Motivation, Marketing und Management, Freiburg: Haufe-Lexware

Herbst, Dieter (2011): Storytelling, Konstanz: UVK Verlag

Jäckel, Michael und Christoph Kochhan (2000): Notwendigkeit und Luxus. Ein Beitrag zur Geschichte des Konsums. In: Rosenkranz, Doris und Norbert F. Schneider (Hrsg.): Konsum. Soziologische, ökonomische und psychologische Perspektiven, Opladen: Leske + Budrich, S. 73-94

Kolaschnik, Axel: Die Gestalt des LuxusIn: Burmann, Christoph und Verena König und Jörg Meurer (Hrsg.) (2012): Identitätsbasierte Luxusmarkenführung, Grundlagen-Strategien-Controlling, Wiesbaden: Springer-Gabler, S. 183-200

Kotler, Philip und Kevin Lane Keller und Friedhelm Bliemel (2007): Marketing-Management, Strategien für wertschaffendes Handeln, München: Pearson Education Deutschland

Kuckartz, Udo (2010): Einführung in die computergestützte Analyse qualitativer Daten, Wiesbaden: VS Verlag für Sozialwissenschaften/GWV Fachverlage

Lasslop, Ingo (2005). Identitätsorientierte Führung von Luxusmarken. In: Meffert Heri-bert und ChristopfBurmann und Martin Koers (Hrsg.), Markenmanagement: Identi-tätsorientierte Markenführung, Wiesbaden: Betriebswirtschaftlicher Verlag, Dr. Th.Gabler/GWV Facherverlag GmbH (2. Aufl.,S. 469–494).

Mangold, Marc (2003): Markenmanagement durch Storytelling. Schriftenreihe Schwer-punkt Marketing, Band 126. München: Fördergesellschaft Marketing e.V. an der Ludwig-Maximilian-Universität

Mayring, Philipp (2003): Qualitative Inhaltsanalyse, Grundlagen und Techniken, Wein-heim: Deutscher Studien Verlag

Meffert, Heribert und Christoph Burmann und Martin Koers (2002): Markenmanagement – Grundfragen der identitätsorientierten Markenführung, Wiesbaden: Betriebswirt-schaftlicher Verlag Dr. Th. Gabler/GWV Fachverlage

Meuser, Michael/Nagel, Ulrike (1991): ExpertInneninterviews – vielfach erprobt, wenig bedacht. Ein Beitrag zur Methodendiskussion. In: Garz, Detlef/Kraimer, Klaus (Hg. 1991): Qualitativ-empirische Sozialforschung. Konzepte, Methoden, Analysen. Westdeutscher Verlag, S. 441-471

Mühlmann, Horst (1975): Luxus und Komfort. Wortgeschichte und Wortvergleich, Bonn: Dissertation

Müller, Frank (2013): http://www.brand-trust.de/de/insights/artikel/2012/Luxusmarken-Markenfuehrung-Frank-Mueller.php (Dr. Frank Müller), [Zugriff 21.03.2013]

Okonkwo, Uche (2007): Fashion Branding, Hampshire: Palgrave Macmillan

Orou Franz-Martin Dr. und Robert Trasser Dr. (2010): Marke, Wien: Dr. A. Schendl

Pfadenhauer, Michaela: Auf gleicher Augenhöhe – Das Experteninterview – ein Gespräch zwischen Experte und Quasi-Experte in: Bogner, Alexander und Beate Littig und Wolfgang Menz (Hrsg.) (2009): ExpertInneninterviews, Theorien, Methoden, An-wendungsfelder, Wiesbaden: VS Verlag für Sozialwissenschaften/GWV Fachverlag

Schmidt, Klaus und Henrion Ludlow-Schmidt: Identitätsorientierung als Leitlinie der Markenführung.In: Hermanns, Arnold und TanjaRingle und Pascale C. van Overloop (Hrsg.) (2008): Handbuch Markenkommunikation, München: Franz Vahlen, S.17-29

Simoudis, Georgios (2004): Storytising, Geschichten als Instrument erfolgreicher Markenführung, Groß-Umstadt: Sehnert-Verlag

Sombart, Werner (1999): Liebe, Luxus und Kapitalismus, Berlin: Wagenbach

Wenn ManagerInnen Geschichten erzählen – Merkmale und Potenziale von Storytelling in der persönlichen internen Führungskommunikation am Beispiel der Rede

Andreas Ganahl

Ausgangssituation

Führungskräfte in der obersten Management-Etage stehen in regelmäßigen Abständen vor MitarbeiterInnen und halten Ansprachen. Sie sind darauf vorbereitet und haben konkrete Vorstellungen über die Ziele ihrer Rede. Sie können geschult werden, wie sie auftreten und sich verhalten sollen, damit sie Kompetenz, Sicherheit und Vertrauen ausstrahlen und zugleich authentisch wirken. Die Inhalte für Ansprachen können definiert werden, aber schlussendlich kommt es darauf an, *wie* die Inhalte transportiert werden. Sie sollen leicht verständlich sein und nicht langweilen. Im besten Fall bewirkt eine Rede Motivation, schenkt Vertrauen und Verständnis, übermittelt Unternehmenswerte, steigert die Arbeitsfähigkeit und weckt Begeisterung (vgl. Faust 2006, 3 ff.).

Storytelling als narrative Management-Methode rückt in den letzten Jahren verstärkt in den Fokus vieler Unternehmensbereiche. Inwieweit diese Methode auch in der internen Führungskommunikation einsetzbar ist, wird in diesem Beitrag näher dargestellt.

Interne Führungskommunikation

Klöfer (2003, 34) setzt Kommunizieren im Betrieb gleich mit Führen: Auf die/den MitarbeiterIn im Sinne des Unternehmens Einfluss nehmen. Die Führungskräfte versuchen ihre MitarbeiterInnen zu beeinflussen, zu lenken, zu motivieren, zu aktivieren. MitarbeiterInnenkommunikation bezieht somit die Sichtweisen und die aktive Teilnahme aller Beteiligten auf allen Hierarchiestufen, in allen Funktionen und an allen Standorten im Sinne einer wechselseitigen Einflussausübung mit ein. Sie umfasst demnach alle kommunikativen und informativen Vorgänge, die zwischen den Mitgliedern eines Unternehmens ablaufen. (vgl. Einwiller et al. 2008, 223) MitarbeiterInnenkommunikation ist ein Vor-

125

gang, der im Führungsprozess in erster Linie die Vorgesetzten angeht). Sie gelingt, wenn die Unternehmensleitung sie aktiv trägt. Daher ist es von immenser Wichtigkeit, dass Führungsimpulse immer von oben kommen. Die erste Initiative in der betrieblichen Information und Kommunikation muss von der Geschäftsleitung ausgehen Jedoch ist es nicht ausreichend, nur einen Anstoß in diese Richtung zu geben, es bedarf einer ununterbrochenen Aktivität und Förderung (vgl. Klöfer/Nies 2003: 21ff).

Da es heutzutage angesichts massiver und andauernder Veränderungsprozesse für Führungskräfte nicht mehr ausreicht, arbeitsbezogene und motivierende Kommunikationsaufgaben zu erfüllen, entwickelt sich ein völlig neuer Gestaltungsbereich von Kommunikation: Nach innen als integraler Bestandteil der internen Kommunikation, wirkt Führungskommunikation nach außen als erweitertes Rollenverständnis. Ein Rollenverständnis, das die Organisation der Wahrnehmung der Person in den Mittelpunkt stellt (vgl. Deekeling/Arndt 2006: 21 f.). Diese Entwicklung beschreibt Dörfel (2009, 12) als Wandlung von Führungskräftekommunikation zu Führungskommunikation, die zugleich eine gewaltige Auswirkung auf die Kooperation von Führungskräften mit anderen KommunikationspartnerInnen im Unternehmen hat und ein deutlich erweitertes Rollenverständnis sowie eine neue Kommunikationspraxis verlangt. Führungskommunikation kann daher definiert werden als sämtliche interne Kommunikation, die sich von Führungskräften an die ihnen hierarchisch unterstellten Ebenen richtet.

Für diesen Beitrag wird der Schwerpunkt auf die persönliche Führungskommunikation ausgehend vom obersten Management gelegt und betrifft daher alle hierarchisch unterstellten MitarbeiterInnen, unabhängig von deren Position oder Qualifikation.

Der Erfolg von Führungskommunikation hängt wesentlich davon ab, ob MitarbeiterInnen frühzeitig, umfassend und offen informiert werden. Vertrauen ist eine wichtige Voraussetzung zur Erreichung der wesentlichen Ziele: Information, Orientierung und Aktivierung der MitarbeiterInnen (vgl. Dörfel/Hinsen 2009, 59).

CEO-Kommunikation

Unter CEO-Kommunikation versteht man alle Kommunikationsaktivitäten des CEO an die internen Bezugsgruppen (MitarbeiterInnen und Führungskräfte). Dabei werden alle Kommunikationsaktivitäten systematisch geplant, durchgeführt und evaluiert und zudem als Teil der Unternehmenskommunikation gesehen. Das Ziel ist es, Handlungen zu koordinieren, Interessen abzugleichen und Handlungsräume zu sichern (Zerfaß/Sandhu 2006, 52). Dabei muss und soll die

CEO-Kommunikation eine Teilmenge der Unternehmenskommunikation darstellen, ohne dass die kommunikative Agenda zu hundert Prozent die Gesamtkommunikation abdeckt (vgl. Immerschitt 2009, 117). Mit Bezug auf den CEO entwickelt sich hier ein neuer Gestaltungsbereich von Unternehmenskommunikation. Man spricht nicht mehr nur von einer neuen Praxis, sondern von einer neuen Managementdisziplin im Schnittpunkt von Strategie, Führung und Kommunikation (vgl. Deekeling/Arndt 2006, 8).

Je komplexer die unternehmerischen Ziele sind, desto mehr Aufwand muss in die Planung und Umsetzung der kommunikativen Agenda investiert werden. Das Auftreten bei internen Veranstaltungen, Mitarbeiterversammlungen oder Gesprächen mit den Führungskräften wird als prägend für das gesamte Unternehmen verstanden. Durch professionelles Auftreten kann der CEO stark an Profil gewinnen. Dabei wird ihm einiges an Vermittlungskompetenz abverlangt (vgl. Immerschitt 2009, 122 f.).

Auch Sachkompetenz ist eine wesentliche Voraussetzung um Vertrauen auf der Sachebene zu schaffen; mindestens genauso wichtig ist jedoch die Emotion (vgl. ebda., 123). Alle Handlungen eines Topmanagers haben eine kommunikative Wirkung. Alles, was er/sie tut und sagt, ist Kommunikation und wird als solche wahrgenommen und interpretiert (vgl. Deekling 2006, 59).

Für diesen Beitrag wird der Begriff CEO nicht ausschließlich für die/den GeschäftsführerIn verwendet, sondern stellvertretend für Führungskräfte aus dem obersten Management. Darunter fallen Mitglieder der Geschäftsleitung, GesellschafterInnen, Vorstandsmitglieder und alle Führungskräfte aus der obersten Management-Ebene. Darauf basierend wird der Begriff der CEO-Kommunikation in diesem Beitrag synonym mit dem Begriff der Führungskommunikation verwendet.

Die Rede als Instrument der persönlichen internen Führungskommunikation

Gegenüber der Massenkommunikation über Print- oder elektronische Medien, hat die persönliche Kommunikation einer Führungskraft ein ungleich höheres Gewicht – intern wie extern (vgl. Schick 2005, 15). Vor allem für den Vorstand ist es im Zeitalter ständiger Veränderungen wichtig, nicht nur über Medien und über Führungskaskaden zu kommunizieren, sondern die direkte persönliche Kommunikation zu pflegen (vgl. ebda., 140). Die persönliche Kommunikation ist in erster Linie dazu da, Meinungen auszutauschen und zu versuchen, den anderen von der eigenen Meinung zu überzeugen. Dabei gehört es dazu, Konflikte auszutragen, einen Konsens herzustellen und sich zu gemeinsamen Zielen und

Vorgehensweisen zu verpflichten (vgl. ebda., 140 ff.). Hinzu kommt, dass Kommunikation, wenn sie neben den sachlichen Informationen auch eine emotionale Komponente bedient, Vertrauen schafft (vgl. Blaschke 2008,147).

Direkte persönliche Kommunikation kann in einer authentischen Form dazu beitragen, die Informationsflut zu reduzieren und den Gesamtaufwand an Vermittlung, Deutung, Erklärung und Redundanzen deutlich senken (vgl. Frenzel et al. 2008, 62). Wenn persönliche Kommunikation in einer wirkungsvollen Art und Weise praktiziert werden soll, gehört es zu den Grundanforderungen, dass sie als Dialog begriffen wird. Das beinhaltet, dass in der Kommunikation das Verständnis einer Lage erweitert und eine gemeinsame Sichtweise aufgebaut wird. Nur ein Austausch von Botschaften stellt sicher, dass die Themen von den Beteiligten verstanden und die sie interessierenden Aspekte auch wirklich behandelt werden. Genau diese unterschiedlichen Perspektiven bieten die Chance, dass danach qualifizierte Entscheidungen getroffen werden können, vielleicht sogar Entscheidungen, die einen innovativen Durchbruch bedeuten. (vgl. Ellinor/Gerard 2000, 133; Posner 2008, 29)

In Bezug auf den Dialog wird Führung in Zukunft eher einem Interaktionsprozess zwischen Führungskräften und MitarbeiterInnen gleichen, bei dem das Fachwissen der MitarbeiterInnen Einfluss auf die Tätigkeit der Führungskraft nimmt. Das erfordert aber auch von der Führungskraft einiges an Vermittlungskompetenz, um den Interaktionsprozess effektiv gestalten zu können. Erfolgreiche ManagerInnen kommunizieren nicht mehr von oben nach unten, sondern auf Augenhöhe. Das Resultat daraus zeigt sich in Engagement, Bindung und letztlich Kreativität der MitarbeiterInnen im Unternehmen (vgl. Fallosch 2007, 129; Immerschitt 2009, 122; Groysberg/Slind 2012, 46). Aktives Zuhören und ein Gefühl für Zwischentöne sind somit die wichtigsten Kommunikationskompetenzen, die eine Führungskraft vorweisen sollte, wenn sie eine effiziente persönliche Kommunikation betreiben will (vgl. Dörfel/Hinsen 2009, 133).

Die Rede als Instrument der Führungskommunikation wird von Bazil (2007, 430) definiert als ein Instrument interner und externer Kommunikation, das der Information, Motivation und Unterhaltung oder als personenbezogene Äußerungen wie Laudationes dient. Neben Leistung, interpersonaler Kompetenz und Vorbildfunktion als zentrale Führungsaufgabe erwartet man von Führungskräften aus dem obersten Management in ihren Reden Deutungskompetenz. Sie müssen in der Lage sein, einen Deutungsrahmen geben zu können und Texte in Kontexte einzubetten. Reden eignen sich daher ausgezeichnet als Führungsinstrumente. Da heutzutage in der geplanten Kommunikation verstärkt auf eine direkte und personalisierte Ansprache der Bezugsgruppen gesetzt wird, ist die Rede – je höher eine Person in der Managementhierarchie aufsteigt – ein immer wichtigeres Instrument.

Reden sind sprachliche Handlungen, verweisen über sich hinaus aber immer auf etwas Anderes und stiften so symbolische Bedeutung: Explizit verweisen sie auf Inhalt und Anlass, implizit aber auf die/den RednerIn und das Unternehmen, in dessen Namen gesprochen wird. Die sprachlichen Handlungen geschehen manchmal bewusst, oft aber unbewusst (vgl. Bazil/Wöller 2008, 7 ff.).

Ist das Publikum ein homogener AdressatInnenkreis, erfüllen Reden ihren Zweck am besten. Hierbei können die Stärken des Mediums Rede am besten ausgespielt werden: persönliche Überzeugung, Glaubwürdigkeit und Dialogfähigkeit. Von einer Rede wird erwartet, dass sie klar und verständlich, unterhaltsam und mit einem sozialen Mehrwert (emotionale Aufwertung, Bekanntschaften etc.) aufbereitet ist. Die/der RednerIn soll sympathisch und hörerorientiert und die Sprache geistreich und kurzweilig sein. (vgl. Posner 2008:, 21, Bazil/Wöller 2008, 11)

Piwinger (2008, 126) beschreibt Funktion und Wert einer Rede wie folgt: „Eine Rede stößt Kommunikation an. Der Wert einer Rede bemisst sich in dem, was nachhaltig in Erinnerung haften bleibt, und darin, ob sie einen Anlass bietet, weiter über das Thema zu sprechen."

Die Schwächen von Reden als Führungs- und Kommunikationsinstrument müssen dadurch kompensiert werden, dass sie als Teil eines dialogorientierten Kommunikationskonzepts verstanden und auch dokumentiert werden. Dennoch sind sie zum Transport von Botschaften unerlässlich, weil sie im Vergleich zu den anderen, eher anonymen Kommunikationswegen eine persönliche Note und damit Glaubwürdigkeit ausstrahlen. Die Rede zählt damit zu den wichtigsten Kanälen der internen und externen Unternehmenskommunikation (vgl. Posner 2008, 31 f.).

Storytelling als Methode der persönlichen internen Führungskommunikation

Die richtigen Worte einer Führungskraft zur richtigen Zeit können einen gewaltigen Effekt bei den MitarbeiterInnen haben. Sie können geradezu als Impuls für Energie und Enthusiasmus wirken, während die falschen Worte die besten Absichten untergraben (vgl. Denning 2007, 23; Biehl 2008, 158).

Im folgenden Kapitel wird dargestellt, inwieweit Storytelling in der persönlichen internen Führungskommunikation eine Rolle spielt. Dabei ist vor allem dem Dialog eine zentrale Bedeutung zuzuschreiben. Auf Basis der kombinierten Betrachtung der persönlichen internen Führungskommunikation mit der Methode des Storytellings werden am Ende des Kapitels die Merkmale des Einsatzes identifiziert.

Führungskommunikation soll dabei helfen, die MitarbeiterInnen zu fördern und zu ermutigen, an einem kontinuierlichem Wandel mitzuarbeiten und ihn auch emotional zu akzeptieren (vgl. Mast 2007, 758). Die Emotion anzusprechen ist weitaus wichtiger als (nur) den Verstand. Die ZuhörerInnen erinnern sich an den Gesamteindruck eines Vortrages und nicht an die Fakten. Und wenn schon Fakten, die sich auf eine gemeinsame Erfahrungswelt beziehen, präsentiert werden, dann sind sie durch Beispiele, Bilder und Erkenntnisse untermauert wesentlich wirkungsvoller (vgl. Immerschitt 2009, 123).

Wenn sich zwei Menschen begegnen, dann treffen sich zwei Wesen mit ihren Sehnsüchten, Bedürfnissen, Erwartungen, Interessen und Stimmungen. Eine Führungskraft, die es nicht schafft, eine/n MitarbeiterIn in ihrer/seiner emotionalen Schicht zu erreichen, wird sie/ihn auch niemals von etwas überzeugen können. Man spricht dann allenfalls vom Überreden. (vgl. Lay 2000, 23 f.)

Geschichten sind ein kraftvolles Werkzeug, um Organisationen zu verstehen und zu führen. Erfolgreiche Führungskräfte schaffen es, im richtigen Moment die passende Geschichte zu erzählen und damit Verständnis und Vertrauen zu wecken und Begeisterung zu entfachen (vgl. Faust 2006, 3). Führen heißt, Menschen Bedeutung zu geben und sie zu MitspielerInnen in den erzählten Geschichten zu machen (vgl. Loebbert 2004, 8). Das Umfeld des Unternehmens erweist sich in den meisten Fällen als Quelle für authentische Geschichten. Diese Quelle ist nahezu unerschöpflich, weil aus ihr täglich neue Geschichten entstehen. Sie ist somit den häufig benutzten und erfundenen Geschichten weitaus überlegen (vgl. Frenzel 2008, 174).

Die Anwendung von Unternehmensgeschichten eröffnet der Führungskraft neue Perspektiven für den persönlichen Führungsstil oder die Führungsphilosophie. Durch Aufspüren und Verbreiten von funktionalen Geschichten im Unternehmen können Führungskräfte ihre MitarbeiterInnen motivieren. Zudem können Führungskräfte ihre Entscheidungen und Handlungen auf Stimmigkeit überprüfen, indem sie sich überlegen, was ihre MitarbeiterInnen darüber erzählen würden (vgl. Bittelmeyer 2004, 76).

Geschichten und ihre ProtagonistInnen müssen so gewählt werden, dass sich die ZuhörerInnen mit ihnen identifizieren können. In den meisten Fällen passiert die Identifikation mit der Hauptfigur. Die ZuhörerInnen leben und fühlen in der Geschichte mit und stellen sich gedanklich den Hindernissen in der Geschichte. Sie beginnen, die Situation zu bewerten und sich ein Sinnangebot anzueignen. Identifizieren heißt auch, die Geschichte und den Sinn dahinter zu verstehen (vgl. Clark 2004, 196; Faust 2006, 26; Littek 2011, 149).

Der Managementlehrer Noel Tichy beschreibt herausragende Führungsgestalten selbst als wandelnde Geschichten. Deren Handeln, Leben, und die darin implizierten Werte und Glaubensvorstellungen sind derart bedeutungsvoll für andere Menschen, dass diese ihr eigenes Leben danach ausrichten wollen. Solche Führungsgestalten werden in besonderer Weise beobachtet, ihr Handeln wird in Geschichten weitererzählt und dadurch für das Erleben, insbesondere der MitarbeiterInnen, unmittelbar wirksam. Das eigene Handeln in einer Geschichte überzeugend zu inszenieren, ist daher eine Herausforderung. (vgl. Loebbert 2004, 6)

Storytelling ist allerdings kein Ersatz für das analytische Denken einer Führungskraft. Es ist optimal, um Zukunftsvisionen zu transportieren und zur Kommunikation von Wandel und Innovationen. Zahlen, Daten und Fakten sind durch das Verpacken in eine Geschichte weit effektiver und leichter kommunizierbar. Die Verschmelzung dieser beiden Fähigkeiten ist anzustreben und wird auch empfohlen (vgl. Denning 2001, xviif).

Storytelling und Dialog

Blaschke umschreibt eine der zentralen Führungsaufgabe von heute wie folgt: „Sich mit Mitarbeitern persönlich auseinanderzusetzen, ist heute eine der wichtigsten Führungsaufgaben überhaupt (2008, 147). Es geht darum zu verstehen, was KundInnen und MitarbeiterInnen mittelfristig und konstant antreibt, beschäftigt und leitet, formulieren in ähnlicher Weise Frenzel et al. (vgl. 2004, 81).

Führungskräfte aus dem obersten Management müssen wissen, wer ihre Bezugsgruppen sind und diese im Blick behalten. Erfolgreich ist nur, wer in der Kommunikation mit allen Bezugsgruppen die Fäden in der Hand hält (vgl. Deekeling/Arndt 2006, 35). Die Analyse und Betrachtung der Kommunikationslage bildet dabei einen ständigen Prozess: Die Bildung der kommunikativen Strategie beruht auf der Kenntnis der Erwartungen und Bedürfnisse der verschiedenen Bezugsgruppen und entscheidet über Bündnisse und Kooperationsmöglichkeiten oder über Konfrontation und Konflikt (vgl. ebda., 61 f.).

Einiges das in den letzten Jahren unter dem Titel Storytelling genutzt wurde, hat intuitiv richtig funktioniert. Allerdings besteht ein grundsätzliches Missverständnis in der Zuordnung der Reihenfolge von Zuhören und Erzählen. Im ersten Schritt muss eine Führungskraft zuhören und verstehen, welche Bedeutungen und Verweisungszusammenhänge ein Unternehmen organisieren. Darauf basierend kann dann eine wirksame Geschichte er- bzw. gefunden und erzählt werden, die die Bedeutung sinnvoll variiert und weiterentwickelt und dadurch den Bezugsgruppen eine neue Bedeutung gibt. Geschichten ohne Kopplung an die Basisgeschichte zu allen möglichen Anlässen einzusetzen, führt dazu, dass der mögliche Beitrag narrativen Managements unterminiert wird (vgl. Loebbert 2004. 5).

Es ist daher wichtig, dass ein Informationsaustausch zwischen der Führungskraft und den Bezugsgruppen stattfindet. Dies ist ein Prozess, der in mindestens zwei Richtungen abläuft und relevante Informationen, Tatsachen und Maßnahmen transportiert, die Unsicherheiten, Ängste und falsche Gerüchte minimieren. Daten in nicht aufbereiteter Form tun dies nicht. Durch die Einbindung der MitarbeiterInnen soll eine gemeinsame Vision von der Zukunft entstehen. Die Führungskraft demonstriert damit den Willen und den Mut zur Ehrlichkeit. (vgl. Thier 2010, 34; Hein 2008, 15) Der Wille zuzuhören und Aufmerksamkeit zu schenken, sind Eigenschaften, womit sich Führungskräfte voneinander abheben können (vgl. Frenzel 2008, 183).

Aktives Zuhören fordert die Fähigkeit, auf Botschaften und Geschichten innerhalb des Unternehmens und im Kundenumfeld zu achten und daraus die richtigen Schlüsse zu ziehen. Nicht nur Fachwissen alleine, auch die Generierung und Kommunikation von Wissen über die Struktur und den aktuellen Zustand der Organisation ist von Bedeutung. Offenheit ist daher eine notwendige Bedingung, um an das Mehr an Wissen, Informationen, Ideen und Optionen zu gelangen und es nutzen zu können. Dieses Wissen steht jedem Unternehmen im Inneren wie im Austausch mit seiner Umwelt potenziell zur Verfügung. Zuhören wird als angemessener Ausdruck für diese Offenheit gesehen (vgl. ebda., 185)

Wenn eine Führungskraft bewirken will, dass man sich für sie interessiert, braucht sie authentische Erlebnisse und wahre Geschichten, die die ZuhörerInnen nicht überall zu hören bekommen, angereichert mit ungewöhnlichem Wissen, das nicht erlesen oder erarbeitet werden kann und Themen, die überraschen und nicht langweilen. Um die authentischen Geschichten des Unternehmens als wertvolle Quelle für die Kommunikation zu nutzen, muss man sie natürlich erst einmal kennen. Daher ist bzw. wird, wer Storytelling einsetzen will, auch ein/e gute/r ZuhörerIn. Andernfalls hätte er/sie nur die Geschichten zu erzählen, die er/sie selbst erlebt oder beobachtet hat (vgl. Frenzel 2008, 182; Barnes 2003, 4; Müller 2008, 206 ff.).

Beim Erzählen und Hören verschiedener Erlebnisse erfährt man immer etwas mehr voneinander als beim üblichen Austausch von Statements. Erzählen ist ein Akt des In-Beziehung-Setzens und dies auf mehreren Ebenen zugleich. Wer erzählt, muss die Menschen und Dinge, die Umstände und Einflüsse, die in der Geschichte vorkommen, so verknüpfen, dass eine sinnvolle Ordnung entsteht. Eine Ordnung, die etwas bedeutet und mehr ist als die Summe dessen, was in ihr vorkommt (vgl. Frenzel et al. 2004, 10; Frenzel 2008, 180).

Merkmale von Storytelling in der internen Führungskommunikation

In der Literatur zum Thema finden sich zahlreiche Merkmale, die Storytelling charakterisieren. Basierend auf den wichtigsten Quellen des Storytellings und der Gegenüberstellung mit der persönlichen internen Führungskommunikation wurden einige Merkmale herausgearbeitet. Alle Merkmale basieren auf den verwendeten Literaturquellen und wurden in der anschließenden empirischen Forschung mittels Experteninterviews genau analysiert.

Merkmal 1 – Geschichten sind glaubhaft,
geben Orientierung und ermöglichen Vertrauen

Die interne Kommunikation in Unternehmen ist als Grundlage der betrieblichen Zusammenarbeit zu sehen. MitarbeiterInnen erfahren durch sie, wie sie zum Erreichen der Unternehmensziele beitragen können. Sie müssen schnell und gezielt handeln, Lösungen und Innovationen rasch umsetzen. Voraussetzung ist, dass sie die Unternehmensziele kennen, verstehen und wissen, wie sie deren Erreichung an ihrem eigenen Arbeitsplatz unterstützen können. Geschichten in Unternehmen sind häufig komplex, aber nie kompliziert. Sie bestehen aus wenigen, aber sehr klaren und überzeugenden Elementen und das Unternehmenskonzept wird dadurch leicht verständlich. Geschichten schaffen es, MitarbeiterInnen von einer bestimmten Sache oder von einer neuen Firmenphilosophie zu überzeugen. Denn mittels Geschichten werden Beschlüsse leichter verständlich, nachvollziehbarer und sie verleihen dem Gesagten mehr Glaubhaftigkeit (vgl. Faust 2006, 12; Herbst 2008a, 137; Erlach/Thier 2005, 146).

Merkmal 2 – Geschichten sind informativ
und stehen in konkreten Zusammenhängen

Geschichten, die weitererzählt und wirken sollen, sind dann informativ, wenn sie einen Unterschied klar erkennen lassen: Erzählungen, Storys, Anekdoten drehen sich darum, dass etwas anders geworden ist. Die/der ZuhörerIn weiß hinterher etwas, was sie/er so vorher noch nicht gewusst hatte. Werden Geschichten in Unternehmen erzählt, basieren sie meist auf einer besonders guten, bemerkenswerten, manchmal ungewöhnlichen Idee, die eine Lösung oder Verbesserung mit sich brachte. Die Idee muss als klares Alleinstellungsmerkmal gesehen werden, damit sich das eigene Unternehmenskonzept von anderen abhebt. Geschichten müssen dann in die konkreten Zusammenhänge eingebettet werden, z. B. einen konkreten Kontext mitliefern. Der richtige Kontext verstärkt das eigentliche Anliegen der Geschichten. Das Thema erscheint in einem konkreten Zusammenhang, den sich die ZuhörerInnen vorstellen können, den sie nachvollziehen können, und nicht abstrakt und losgelöst von einer konkreten Situation (vgl. Faust 2006, 12; Frenzel et al. 2004, 110 + 131; Denning 2001, 197 ff.).

Merkmal 3 – Geschichten beinhalten Charaktere
und schaffen dadurch Identifikation

Geschichten, die funktionieren sollen, brauchen immer eine Hauptfigur. Bei der Frage, ob die Hauptfigur auch eine ganze Gruppe oder ein Unternehmen sein kann, gehen die Meinungen auseinander. Denning (2001, 197 ff.) bezieht sich in seinen Ausführungen auf die Idee, dass es eher der Einführung einer einzelnen Person bedarf, um bei den ZuhörerInnen Identifikation auszulösen. Die Identifikation mit einer einzelnen Person als HeldIn erleichtert nicht nur die Aufnahme der Geschichte, sondern auch der zugrundeliegenden Idee. Die Hauptfiguren müssen Mitgefühl, Anteilnahme und Empathie bei den ZuhörerInnen auslösen können. Empathie und Einfühlung in die Situation der HeldInnen ist eine wesentliche Voraussetzung dafür, dass sich die ZuhörerInnen auf eine Geschichte einlassen, ihr folgen und sie gleichsam mitdenken (vgl. ebda. sowie Frenzel et al. 2004, 110 ff.).

Merkmal 4 – Geschichten knüpfen an die Realität an und öffnen
Möglichkeitsräume

Eine Geschichte nimmt auf konkrete Begebenheiten Bezug und entwirft kein abstraktes Zukunftsgemälde. Sie erlaubt es der/dem ZuhörerIn, von der Gegenwart aus die Zukunft hochzurechnen. Um die Geschichte herum entsteht in den Köpfen der ZuhörerInnen erst die eigentliche Geschichte. Sie veranschaulicht plastisch und konkret einen neuen Lösungsansatz und bietet damit den Einstieg in einen neuen Möglichkeitsraum. In diesem Raum entsteht bei den ZuhörerInnen eine neue Geschichte, die unter Umständen weit über das hinausgeht, was zunächst erzählt wurde. In dieser Geschichte kann auch die/der ZuhörerIn selbst zum/zur HeldIn werden und somit zur Veränderung beitragen. Erfolgreiche Visionen haben immer einen Anknüpfungspunkt im Hier und Jetzt, vielleicht sogar in der Vergangenheit, sie müssen in sich selbst stimmig sein und die ZuhörerInnen für eine neue Idee oder eine Vision gewinnen können. (vgl. Frenzel et al.

2004, 110 ff.) Denning (2001, 29 ff.) nennt diesen Effekt: „A story that rings true".

Merkmal 5 - Gute interne Geschichten wirken auch nach außen

Herbst (2008a, 137) verweist in diesem Zusammenhang auf die Dynamik, die der Wirkung interner Geschichten zugrunde liegt: „Die Mitarbeiter tragen ihre Meinung über das Unternehmen nach außen. Sie werden sich aber nur dann positiv bei Freunden und Bekannten äußern und ihre Energie für das Unternehmen einsetzen, wenn sie sich ernst genommen fühlen und in die Kommunikation eingebunden sind" (.

Methodisches Vorgehen

Für die Durchführung der empirischen Forschung wurde die Form der leitfaden-gestützten qualitativen Experteninterviews nach Meuser/Nagel (2009, 51 f.) gewählt. Die Auswertung erfolgte per qualitativer Inhaltsanalyse nach Glä-ser/Laudel (2010, 200 ff.). Die Ergebnisse der empirischen Forschung liegen den geführten Interviews mit 10 ExpertInnen zu Grunde; sie wurden in vier Katego-rien ausgewertet und zusammengefasst.

Die Auswahl der ExpertInnen fiel auf Führungskräfte aus dem obersten Management von Unternehmen (GeschäftsführerInnen, Mitglieder der Ge-schäftsleitung oder Vorstandsmitglieder, Beiratsmitglieder, GesellschafterInnen etc.). Dabei hatte die Unternehmensgröße keinen Einfluss auf die Auswahl der InterviewpartnerInnen. Die Durchführung der Interviews fand persönlich im Zeitraum März bis April 2013 statt. Alle Interviews wurden digital aufgezeichnet und vollständig transkribiert. Die Auswertung erfolgte anhand der vollständigen Transkriptionsprotokolle mit der Software MaxQDA.

Auswahl der InterviewpartnerInnen

ExpertInnen werden nach Meuser/Nagel (2009, 8) definiert als über spezifisches Wissen verfügende, für das Fach- und Themengebiet relevant erachtete Akteu-rInnen, die als Kristallisationspunkte praktischen Insiderwissens gelten und für eine Vielzahl zu befragender AkteurInnen stehen. Dieses Wissen besitzen sie zwar nicht notwendigerweise alleine, es ist aber auch nicht jedem in dem interes-sierenden Handlungsfeld zugänglich (vgl. ebda., 37).

Die Auswahl erfolgte über Empfehlungen aus den persönlichen Netzwerken des Verfassers wie Public Relations Verband Austria (PRVA), Junge Wirtschaft Vorarlberg (JWV) und Fachverband für technische Kommunikation und Informationsentwicklung (Tekom).

Die Auswahlkriterien wurden folgendermaßen festgelegt:

- Die ExpertInnen kommunizieren in regelmäßigen Abständen persönlich an ihre MitarbeiterInnen.
- Die ExpertInnen profilieren sich dadurch, dass sie als gute RednerInnen bekannt sind.
- Die ExpertInnen sind im obersten Management des jeweiligen Unternehmens angesiedelt.

Da der Verfasser dieses Beitrags wesentlich abhängig von den Empfehlungen aus den persönlichen Netzwerken war, konnte auch keine geschlechterneutrale Aufteilung der InterviewpartnerInnen erfolgen. Die Empfehlungen ergaben einen größeren Teil an männlichen Interviewpartnern und lediglich eine weibliche Interviewpartnerin. Der Geschlechteraspekt steht allerdings in der vorliegenden Fragestellung nicht im Zentrum.

Forschungsergebnisse im Überblick

Kommunikation im Unternehmen zwischen Führungskräften und MitarbeiterInnen

In dieser Kategorie wurden die unterschiedlichen Instrumente der internen Führungskommunikation (elektronische Kommunikation, Printmedien, persönliche Kommunikation) mit ihren spezifischen Vor- und Nachteilen gegenübergestellt und beforscht, zu welchen Anlässen die persönliche Kommunikation bevorzugt eingesetzt wird.Die drei Instrumente der internen Kommunikation sind in allen Unternehmen in unterschiedlichen Ausprägungen auffindbar und in Anwendung. Auffällig ist, dass die Interaktion und der Dialog zwischen MitarbeiterInnen und Führungskräften unabhängig von den Instrumenten deutlich erwünscht sind. So werden vermehrt Möglichkeiten geschaffen, dass sich MitarbeiterInnen in elektronischen Medien wie Intranet oder Mitarbeiterzeitungen zu Wort melden können. Die persönliche Kommunikation wird allerdings unvermindert als das wichtigste Instrument in der Führungskommunikation gesehen. Wegen der jeweiligen Größe des Unternehmens ist die persönliche Kommunikation aber nicht immer in dem von den MitarbeiterInnen geforderten Ausmaß möglich. Im Idealfall schaffen es die Führungskräfte, die Instrumente der internen Kommunikation in einer ergänzenden Form zu sehen und anzuwenden. Dennoch hat jedes Instrument gewisse Grenzen und die Instrumente können sich gegenseitig nicht ersetzen.

Die persönliche Kommunikation wird insbesondere dann als wichtigstes Instrument angesehen, wenn Informationen aus erster Hand schnell vermittelt werden müssen, wenn Wertschätzung und Motivation Teil davon sein sollen und Vertrautheit und Emotion transportiert werden sollen.

Vorbereitung der persönlichen Kommunikation

Konkret wurde die Frage gestellt, wie sich Führungskräfte auf ihre persönliche Kommunikation inhaltlich vorbereiten, welche Methoden und Hilfsmittel sie dazu anwenden, was sie aus dem Dialog mit ihren MitarbeiterInnen mitnehmen und für ihre eigene persönliche Kommunikation nutzen.

In der Regel sind die Führungskräfte sehr gut auf ihre persönliche Kommunikation vorbereitet, wobei die Aufarbeitung der Inhalte in einer sehr individuellen Art und Weise stattfindet und daher kaum Zusammenhänge, Methoden oder Vorgehensweisen zu erkennen waren. Dennoch spielt der Dialog mit den MitarbeiterInnen eine ganz entscheidende Rolle. Im Zentrum dieses Dialogs stehen menschliche Faktoren wie das Empfinden der MitarbeiterInnen, was sie berührt und betrifft, was sie sicher, traurig oder glücklich macht und somit deren Emotionen. Genauso entscheidend sind aber auch Faktoren wie Akzeptanz, Vertrauen und Überzeugung der MitarbeiterInnen.

Andererseits, und das ist das Entscheidende, nehmen die Führungskräfte aus dem Dialog bewusst Geschichten und Erlebnisse über Erfolge, Misserfolge oder Fehler aus dem Unternehmen auf und geben sie in ihrer eigenen persönlichen Kommunikation wieder. Das bedeutet, dass die Literatur in dem Punkt bestätigt werden kann, dass die beste Quelle für Geschichten im Rahmen der persönlichen Kommunikation der Dialog mit den eigenen MitarbeiterInnen ist.

Inhalte der persönlichen Kommunikation und Merkmale des Storytellings

Ausgehend von den definierten Merkmalen des Storytellings wurden Fragen an die Empirie gestellt, die jene Merkmale im Kontext Führungskommunikation untersuchen. Dazu konnten folgende Forschungsergebnisse generiert werden:

Merkmal 1 – Geschichten sind glaubhaft, geben Orientierung und ermöglichen Vertrauen.

Merkmal 1 kann teilweise durch die Aussagen der InterviewpartnerInnen bestätigt werden. Die befragten Führungskräfte stellen an Geschichten nämlich den Grundsatz der Authentizität, der in den meisten Fällen auch mit ihrem eigenen Führungsgrundsatz in Verbindung steht. Die Faktoren Realität, Glaubwürdigkeit und Wahrheit sind ganz klar der Authentizität zuzuschreiben und müssen daher für den Einsatz einer Geschichte in der Führungskommunikation gegeben sein. Ob es Geschichten jedoch schaffen, Orientierung zu geben und Vertrauen zu schaffen, bleibt vorerst eine theoretische Betrachtung und konnte in dieser Arbeit nicht erforscht werden.

Merkmal 2 – Geschichten sind informativ und stehen in konkreten Zusammenhängen.

Merkmal 2 kann durch die ExpertInnenaussagen gestützt werden. Die Inhalte ihrer persönlichen Kommunikation beschreiben die InterviewpartnerInnen als sachlich, ehrlich, informativ und lehrreich und sie werden bevorzugt in narrativer Form übermittelt.

Auch die bisherigen Erfahrungen der InterviewpartnerInnen bestätigen, dass Geschichten in der persönlichen Kommunikation besser verständlich sind und für die MitarbeiterInnen greifbarer. Sie fühlen sich mit der Situation eher vertraut. Der daraus resultierende Effekt ist, dass die zu übermittelnde Botschaft besser verstanden wird.Zusätzlich geben die InterviewpartnerInnen an, dass Geschichten, wenn sie in der Führungskommunikation eingesetzt werden, immer in einem konkreten Zusammenhang mit dem Thema stehen müssen. Sie sollen in den unternehmerischen Kontext eingebettet sein, sollen dem Niveau der ZuhörerIn entsprechen und beinhalten, was man mit ihnen erreichen will. Jede Geschichte muss diese Verbindung haben, weil sie dadurch erst einen Sinn bekommt.

Merkmal 3 – Geschichten haben immer Charaktere und schaffen dadurch Identifikation

Dieses Merkmal kann durch die empirische Forschung bestätigt werden, da die InterviewpartnerInnen bestätigten, dass sie immer eine bestimmte Rolle in ihren Geschichten und in ihrer persönlichen Kommunikation einnehmen. Festzuhalten ist allerdings, dass sich die Charaktere in den Geschichten und den unterschiedlichen Ausführungen auch ändern können und nicht zu pauschalieren sind. Die Rollen sind themen- und geschichtenabhängig.

Ebenso kann die Schaffung der Identifikation aus der empirischen Forschung bestätigt werden, da sich für die InterviewpartnerInnen dies in der Reaktion der MitarbeiterInnen beim Einsatz von Geschichten in der persönlichen Kommunikation ganz klar erkennen lässt. Es ist jedoch anzuführen, dass das Merkmal der Identifikation erst dann eintritt, wenn eine Geschichte aufmerksames Zuhören und Konzentration schafft, wenn das Verstehen, Mitdenken und Nachvollziehen erreicht, und eine emotionale Betroffenheit bei den MitarbeiterInnen ausgelöst wird.

Merkmal 4 – Geschichten knüpfen an die Realität an und öffnen Möglichkeitsräume

Dieses Merkmal kann durch die empirische Forschung nur zum Teil bestätigt werden. Die InterviewpartnerInnen geben als Inspirationsquellen für Geschichten, die in ihrer persönlichen Kommunikation eingesetzt werden, hauptsächlich den Dialog mit den MitarbeiterInnen an. Geschichten, die sie daraus mitnehmen, sind in der Regel Geschichten über Erfolge, Misserfolge oder Fehler, die MitarbeiterInnen erlebt haben. Die Geschichten haben sich alle real zugetragen. Zudem wäre es für die InterviewpartnerInnen in keiner Weise denkbar, eine erfundene Geschichte im Unternehmen zu erzählen. Inwieweit Geschichten neue Möglichkeitsräume öffnen, konnte in der empirischen Forschung nicht festgestellt werden.

Merkmal 5 – Gute interne Geschichten wirken auch nach außen

Dieses Merkmal konnte auf Grund der empirischen Forschung nicht bestätigt werden. In den geführten Interviews wurden zwar Ansätze davon sichtbar, dass begeisterte MitarbeiterInnen ihre Emotionen und Erlebnisse auch extern verbreiten, jedoch konnte kein direkter Zusammenhang zwischen der persönlichen Kommunikation der Führungskraft und dem Einsatz des Storytellings festgestellt werden.

139

Die Definition der Potenziale erfolgte auf Grund der Literaturrecherche zu diesem Beitrag.

Potenzial 1 – Werte, Visionen und Ideen können durch die gezielten
    Kernbotschaften der Führungskräfte als Führungsleistung
    vermittelt werden (vgl. Loebbert 2003, 167).

In der empirischen Forschung wird dieses Potenzial zwar nicht ungestützt bestätigt, aber dennoch sehen Führungskräfte, dass Werte für Menschen sehr schwer greifbar und nachvollziehbar bzw. leicht falsch interpretierbar sind. Storytelling könnte hier eine geeignete Methode sein, da es die Eigenschaften der einfachen Übermittlung von komplexen Sachverhalten mit sich bringt.

Potenzial 2 – Geschichten können traditionelle Führungsmethoden ergänzen
    oder teilweise ersetzen, weil alle Menschen wissen, was eine
    Geschichte ist. Dabei steht Storytelling nicht in Konkurrenz zu
    traditionellen Methoden, sondern ergänzt diese mit anderen
    Werkzeugen und legitimiert die vereinfachten Betrachtungsweisen
    sowie intuitiv gefundenen Lösungen (vgl. Fuchs 2009, 56 ff.).

Die Frage nach diesem Potenzial konnte von den InterviewpartnerInnen nicht beantwortet werden. Die Führungskräfte sahen weniger Potenzial darin, Storytelling mit einer Führungsmethode zu kombinieren, weil die Methode der Führung für jede/jeden eine sehr individuelle Angelegenheit ist. Ein Potenzial sahen die InterviewpartnerInnen aber in Hinsicht auf Führungsstile und auf die Bereiche eines Unternehmens. Es wurde von den InterviewpartnerInnen kein Bereich genannt, in dem die Methode des Storytellings nicht einsetzbar wäre. Lediglich eine Einschränkung wurde genannt: Es muss eine Botschaft geben, die übermittelt werden soll und die Führungskraft muss sichergehen wollen, dass ihre Botschaft auch ankommt.

Potenzial 3 – Geschichten können helfen, komplexe Zusammenhänge in
    einfacher Form zu kommunizieren, die gut im Gedächtnis haften
    bleibt (vgl. Loebbert 2003, 167).

Dieses Potenzial kann nur bedingt durch die empirische Forschung bestätigt werden. Es bestand zwar keine explizite Aussage eines Interviewpartners bezüglich dieses Potenzials, jedoch wurde es mehrere Male durch Erfahrungsberichte bestätigt.

Potenzial 4 – Geschichten können die persönliche Kommunikation fördern. Da sich MitarbeiterInnen mit Geschichten aus dem eigenen Unternehmen weitaus besser identifizieren können, ist es für Führungskräfte maßgeblich wichtig, in Besitz solcher Geschichten zu sein. Nur in einem gelungenen Dialog zwischen Führungskräften und MitarbeiterInnen mit beidseitigem aktivem Zuhören, kann eine derartige persönliche Kommunikation gelingen.

Dieses Potenzial kann durch die empirische Forschung bestätigt werden, da laut Angaben der InterviewpartnerInnen die emotionale Ansprache durch eine Geschichte geschärft wird und die MitarbeiterInnen – wenn sie sich mit einer Geschichte identifizieren können – den Drang verspüren, ihre eigenen Erlebnisse zu diesem Thema ebenfalls erzählen zu wollen. Somit bietet jede Geschichte die Chance auf eine Weiterführung und einen Dialog.

Zusammenfassung und Fazit

Der vorliegende Beitrag basiert auf einer umfassenden Studie zum Themenfeld interne Kommunikation, Führungskommunikation und Storytelling. Für den empirischen Teil wurden zehn ExpertInneninterviews ausgewertet. Die wichtigsten Forschungsergebnisse wurden für diesen Beitrag in einer verkürzten Fassung dargestellt.Als Zusammenfassung dieser Forschungsarbeit kann gesagt werden, dass Storytelling als Instrument in der internen Führungskommunikation durchaus eingesetzt werden kann und auch zu einem gewissen Grad bereits praktiziert wird. Die meisten InterviewpartnerInnen setzen allerdings die Methode des Storytellings nicht zu jedem Zeitpunkt bewusst ein, sondern verlassen sich mehr auf Faktoren, die mit dem Storytelling in Verbindung gebracht werden (emotionale Ansprache, erklärende, bildhafte Sprache etc.). Die Erfahrung des unbewussten Einsatzes dieser Methode ist allerdings bei den meisten InterviewpartnerInnen durchwegs positiv. Es ist fraglich, ob Storytelling einfach als Instrument einführbar ist, da es sehr von der Person der Führungskraft abhängig ist.

Thier (2010, 3) sagt, dass die Skepsis gegenüber Geschichten als Managementinstrument noch recht hoch ist. Es scheint fast so, als seien Geschichten für die heutige rationale und auf Fakten basierende Arbeitswelt noch zu gefühlsbetont, um sie in einem Unternehmen einzusetzen. Diese Aussage kann zum heutigen Zeitpunkt bestätigt werden. Jedoch war während der Interviews eine erstaunlich hohe Bereitschaft spürbar, Storytelling bewusster in der internen Führungskommunikation einzusetzen.

Literatur

Barnes, Elizabeth (2003): What's your Story? Don't underestimate the power of a compelling corporate narrative to inspire customers and employees alike, in: Harvard Management Communication Letter, Juli 2003, S. 3-5

Bazil, Vazrik (2007): Redemanagement, Worte schaffen Werte, in: Piwinger, Manfred und Ansgar Zerfaß (Hrsg.): Handbuch Unternehmenskommunikation, Wiesbaden: Gabler, S. 429-440

Bazil, Vazrik und Roland Wöller (2008): Rede als Führungsinstrument, Wirtschaftsrhetorik für Manager - Ein Leitfaden. Wiesbaden: Gabler

Biehl, Brigitte (2008): Zur Inszenierung der Rede, in: Bazil, Vazrik und Roland Wöller (Hrsg): Rede als Führungsinstrument, Wirtschaftsrhetorik für Manager - Ein Leitfaden. Wiesbaden: Gabler, S. 157-170

Bittelmeyer, Andreas (2004): Storytelling: Geschichten, die das Unternehmen schreibt, in: managerSeminare, Heft 78, Juli/August 2004, S. 70-78

Blaschke, Anja (2008): Persönliche Gespräche mit der Geschäftsführung als Instrument der Mitarbeiterführung, in: Dörfel, Lars (Hrsg.): Instrumente und Techniken der internen Kommunikation, Trends, Nutzen und Wirklichkeit, Berlin: scm prismus, S. 147-159

Clark, Evelyn (2004): Around the Corporate Campfire. How Great Leaders Use Stories To Inspire Success, 2. Aufl., Sammamish: C&C Publishing

Deekeling, Egbert und Olaf Arndt (2006): CEO-Kommunikation, Strategien für Spitzenmanager, Frankfurt am Main: Campus

Denning, Stephen (2001): The Springboard, How Storytelling Ignites Action in Knowledge-Era Organizations, Boston: Butterworth Heinemann

Denning, Stephen (2005): The Leader's Guide to Storytelling, Mastering the Art and Discipline of Business Narrative, San Francisco: John Wiley & Sons

Denning, Stephen (2007): The Secret Language of Leadership, How Leaders Inspire Action Through Narrative, San Francisco: John Wiley & Sons

Dörfel, Lars und Ulrich E. Hinsen (2009): Führungskommunikation, Dialoge, Kommunikation im Wandel - Wandel in der Kommunikation, Berlin: scm prismus

Einwiller, Sabine, Franz Klöfer und Ulrich Nies (2008): Mitarbeiterkommunikation, in: Meckel, Miriam und Beat Schmidt (Hrsg.): Unternehmenskommunikation, Kommunikationsmanagement aus Sicht der Unternehmensführung, 2. Aufl., Wiesbaden: Gabler, S. 221-260

Ellinor, Linda und Glenna Gerard (2000): Der Dialog im Unternehmen: Inspiration, Kreativität und Verantwortung, Stuttgart: Klett-Cotta

Erlach, Christine und Karin Thier (2005): Geschichten in der Unternehmenskultur: Was Narrationen mit Cultural Change zu tun haben. in: Reinmann, Gabi (Hrsg.): Erfahrungswissen erzählbar machen, Narrative Ansätze für Wirtschaft und Schule, Lengerich: Papst, S. 145-161

Fallosch, Astrid (2007): Erfolgsfaktor Interne Kommunikation, Die Rolle der Führungskraft als erfolgreicher Kommunikator, Saarbrücken: VDM Dr. Müller

Faust, Tanja (2006): Storytelling, Mit Geschichten Abstraktes zum Leben erwecken, [online] http://www.faustcommunications.com/download/storytelling.pdf [17.08.2012]

Frenzel, Karolina, Michael Müller und Hermann Sottong (2004): Storytelling: Das Harun-al-Raschid-Prinzip, Die Kraft des Erzählens fürs Unternehmen nutzen, München: Hanser

Frenzel, Karolina, Michael Müller und Hermann Sottong (2008): Interne Kommunikation im Wandel, Eine Storytelling-Studie zu Problemen, Perspektiven und Lösungsversuchen aus der Sich von IK-Verantwortlichen deutscher Großunternehmen, [online] [11.12.2012]

Frenzel, Karolina (2008): Storytelling für Führungskräfte, Kommunizieren und Führen mit authentischen Geschichten, in: Bazil, Vazrik und Roland Wöller (Hrsg.): Rede als Führungsinstrument, Wirtschaftsrhetorik für Manager - Ein Leitfaden. Wiesbaden: Gabler, S. 103-122

Fuchs, Werner T. (2009): Warum das Gehirn Geschichten liebt, Mit den Erkenntnissen der Neurowissenschaften zu zielgruppenorientiertem Marketing, München: Haufe

Groysberg, Boris und Michael Slind (2012): Führung ist Konversation, in: Harvard Business Manager, Heft Juli, S. 46-56

Gläser, Jochen und Grit Laudel (2010): Experteninterviews und qualitative Inhaltsanalyse, als Instrumente rekonstruierender Untersuchungen, 4. Aufl., Wiesbaden: VS

Hein, Frank Martin (2008): Ob gemixt, gerührt oder geschüttelt: Content is King, Die Auswahl interner Kommunikationsmedien liegt letztendlich bei den Rezipienten, in: Dörfel, Lars (Hrsg.): Instrumente und Techniken der internen Kommunikation, Trends, Nutzen und Wirklichkeit, Berlin: scm prismus, S. 14-20

Herbst, Dieter (2008a): Storytelling, Konstanz: UVK Verlagsgesellschaft

Immerschitt, Wolfgang (2009): Profil durch PR, Strategische Unternehmenskommunikation - vom Konzept zur CEO-Positionierung, Wiesbaden: Verlag Gabler

Jensen, Rolf (2002): Wissen: Emotion, Sozialer Wandel Marketing in der Traumgesellschaft [online] http://www.absatzwirtschaft.de/content/default.aspx?_p=1004040& sst=Ps89ErGGLlCwwqQJQhX7xw%3d%3d [26.1.2012]

Klöfer, Franz und Ulrich Nies (2003): Erfolgreich durch interne Kommunikation, Mitarbeiter besser informieren, motivieren, aktivieren, 3. Aufl., München: Luchterhand

Lay, Rupert (2000): Führen durch das Wort, Motivation, Kommunikation, Praktische Führungsdialektik, 3. Aufl., München: Econ Taschenbuch

Littek, Frank (2011): Storytelling in der PR, Wie Sie die Macht von Geschichten für ihre Pressearbeit nutzen, Wiesbaden: VS

Loebbert, Michael (2003): Storymanagement, Der narrative Ansatz für Management und Beratung, Stuttgart: Klett-Cotta

Loebbert, Michael (2004): Storymanagement, Business Bestseller Summarie Nr. 213, Innsbruck: business bestseller

Mast, Claudia (2007): Interne Unternehmenskommunikation: Der Dialog mit Mitarbeitern und Führungskräften, in: Piwinger, Manfred und Ansgar Zerfaß (Hrsg.): Handbuch Unternehmenskommunikation, 1. Aufl., Wiesbaden: Gabler, S. 757-776

Meuser, Michael und Ulrike Nagel (2009): Experteninterview und der Wandel in der Wissensproduktion, in: Bogner, Alexander, Beate Littig und Wolfgang Menz (Hrsg.): Experteninterviews, Theorien, Methoden, Anwendungsfelder, 3. Aufl., Wiesbaden: VS, S. 35-60

Müller, Michael (2008): Storytelling: Narrative Methoden in der Unternehmenskommunikation, in: Dörfel, Lars (Hrsg.): Instrumente und Techniken der internen Kommunikation, Trends, Nutzen und Wirklichkeit, Berlin: scm prismus, S. 201-212

Piwinger, Manfred (2008): Rede beginnt vor der Rede, Vorfledkommunikation im Redemanagement, in: Bazil, Vazrik und Roland Wöller (Hrsg.): Rede als Führungsinstrument, Wirtschaftsrhetorik für Manager – Ein Leitfaden. Wiesbaden: Gabler, S. 125-138

Posner, Eberhard (2008): Face-Mail oder E-Mail?, Die mündliche Rede in der Unternehmenskommunikation, in: Bazil, Vazrik und Roland Wöller (Hrsg.): Rede als Führungsinstrument, Wirtschaftsrhetorik für Manager - Ein Leitfaden. Wiesbaden: Gabler, S. 19-32

Sandhu, Swaran und Sarah Zielmann (2010): CEO-Kommunikation, Die Kommunikation des Top-Managements aus Sicht der Kommunikationsverantwortlichen in deutschen Unternehmen, in: Eisenegger, Mark und Stefan Wehmeier (Hrsg.): Personalisierung der Organisationskommunikation, Theoretische Zugänge, Theorie und Praxis, Wiesbaden: VS, S. 211-236

Schick, Siegfried (2005): Interne Unternehmenskommunikation, Strategie entwickeln, Strukturen schaffen, Prozesse steuern, 2. Aufl., Stuttgart: Schäffer-Poeschel

Schnell, Rainer, Paul B. Hill und Elke Esser (1999): Methoden der empirischen Sozialforschung, 6. Aufl., München: Oldenbourg

Thier, Karin (2010): Storytelling, Eine Methode für das Change-, Marken-, Qualitäts- und Wissensmanagement, Eine narrative Managementmethode, 2. Aufl., Berlin: Springer

Autorinnen und Autoren

Silvia Ettl-Huber (wissenschaftliche Projektleiterin an der Donau-Universität Krems) spezialisierte sich als Kommunikationswissenschafterin ursprünglich auf Medienmanagement, entdeckte aber 2010 den Themenbereich Storytelling für sich. Seither integriert sie dieses Thema in Lehre und Forschung. Außerdem betreut sie zahlreiche Abschlussarbeiten zu Storytelling in der Organisationskommunikation

Andreas Ganahl (Public Relations & Media Manager bei Sulzer Mixpac AG) studierte an der Donau Universität in Krems im Master-Lehrgang „Kommunikation und Management". Seit seiner Studienzeit beschäftigt er sich intensiv mit dem Thema Storytelling, speziell in der internen Kommunikation von Führungskräften. Für seine wissenschaftlichen Arbeiten wurde er 2013 mit dem „Deutschen Nachwuchspreis Wissensmanagement®" des AKWM ausgezeichnet und erreichte zudem beim Schweizer Wettbewerb „makingsciencenews" einen 5. Preis.

Andrea Hilzensauer (Brand Managerin aus Wien) beschäftigt sich leidenschaftlich mit Marketing, Kommunikation und Markenführung in der Konsumgüterbranche. Im Rahmen ihres berufsbegleitenden Masterstudiums PR und Integrierte Kommunikation an der Donau Universität Krems ist sie daher der Frage nachgegangen, inwieweit Storytelling als Instrument zur Markenführung eingesetzt werden kann.

Sabine Knöß (Kommunikationsmanagerin bei einem Finanzdienstleistungsunternehmen) ist auf das Corporate Publishing und die Führungskräftekommunikation spezialisiert. Als Chefredakteurin einer MitarbeiterInnenzeitschrift stellte sich für sie die Frage, wie sich Zahlen, Daten und Fakten so vermitteln lassen, dass sie bei den LeserInnen ankommen und wahrgenommen werden. Antworten fand sie im Rahmen des berufsbegleitenden Studiums PR und integrierte Kommunikation an der Donau-Universität in Krems, wo sie sich intensiv mit dem Thema Storytelling in der Finanzbranche befasste.

Eva Mayr (wissenschaftliche Mitarbeiterin an der Donau-Universität Krems), hat sich als Psychologin auf Human-Computer-Interaction spezialisiert und fokussiert in zahlreichen Forschungsprojekten auf die Frage, wie das Informationsdesign von Medienanwendungen informelles Lernen unterstützen kann. Dabei spielt Storytelling eine wichtige Rolle.

Kay Mühlmann (Forscher an der Donau-Universität Krems) studierte Theater- und Medienwissenschaft und Ethnologie an der Universität Wien. Im Anschluss daran Arbeit am Theater Film und Fernsehen. Als Wissenschafter hat er besonderes Interesse an sozialen Systemen und deren kollektiven Wirkweise sowie der Funktion von Narrationen in sozialen Systemen.

Manuel Nagl (wissenschaftlicher Mitarbeiter und Vortragender am Department für Wissens- und Kommunikationsmanagement der Donau Universität Krems sowie Senior Consultant bei GPM Management Consulting) analysierte in einem mehrjährigen Forschungsprojekt die Anwendbarkeit bzw. Wirksamkeit von Narrationen im Rahmen organisationaler Kommunikation. Als Neurowissenschaftler und Kommunikationsforscher befasst er sich mit den Schwerpunktthemen Storytelling, Neuroleadership/Neuromanagement, Unternehmenskultur/-entwicklung und Change Management

Maria Reingruber (Unternehmerin/Mode und Lifestyle) konnte bereits in ihrem beruflichen Alltag die Methode Storytelling integrieren. Im Rahmen des Studiums an der Donau-Universität Krems hat sie das theoretische Wissen um dieses Thema vertieft und sich intensiv damit auseinander gesetzt.

Gitta Rohling (PR-Beraterin und Redakteurin in Stuttgart) liebt es, komplexe Inhalte spannend aufzubereiten. Sie ist PR-Beraterin und Redakteurin mit dem Fokus auf Technologie und Wissenschaft. Storytelling gehört also zu ihrem täglichen Handwerkszeug. Die Master Thesis im Rahmen des berufsbegleitenden Studiums "PR und Integrierte Kommunikation" bot für sie die Gelegenheit, Storytelling wissenschaftlich zu untersuchen und auf den Prüfstand zu stellen.

Günther Schreder (wissenschaftlicher Mitarbeiter der Donau-Universität Krems) war bereits während seines Psychologiestudiums fasziniert von den kognitiven Grundlagen von Narration. In seinen jüngsten Forschungsprojekten untersuchte er die Wirkung und Anwendungsmöglichkeiten von Narration in der Mensch-Maschine-Kommunikation und als Werkzeug der Unternehmenskommunikation.

Druck: KN Digital Printforce GmbH · Schockenriedstraße 37 · 70565 Stuttgart